AF260101

Contraste insuffisant

NF Z 43-120-14

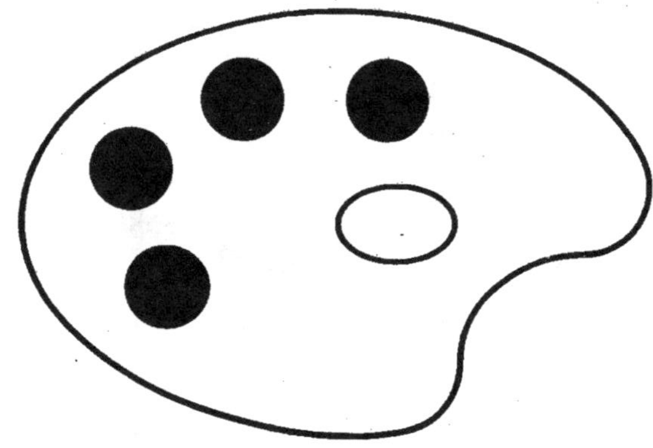

Original en couleur

NF Z 43-120-8

L^{10} 165 c

(Contenu la couverture) 150

ÉLÉMENTS

DE

GÉOGRAPHIE

PAR

HENRY LEMONNIER
Professeur à la Faculté des lettres de Paris et à l'École des Beaux-Arts.

F. SCHRADER
Directeur des travaux cartographiques de la Librairie Hachette et Cie.

AVEC LA COLLABORATION DE

MARCEL DUBOIS
Professeur de géographie coloniale à la Sorbonne.

COURS MOYEN — CERTIFICAT D'ÉTUDES

GÉOGRAPHIE DE LA FRANCE

ET ÉTUDE SOMMAIRE DES CINQ PARTIES DU MONDE

NOUVELLE ÉDITION, ENTIÈREMENT REFONDUE

AVEC LA COLLABORATION DE

L. GALLOUÉDEC
Membre du Conseil supérieur de l'Instruction publique
Professeur au Lycée Charlemagne.

PARIS

LIBRAIRIE HACHETTE ET Cie

79, BOULEVARD SAINT-GERMAIN, 79

L^{10} 165 c

GÉOGRAPHIE DE LA FRANCE

ET

ÉTUDE SOMMAIRE DES CINQ PARTIES DU MONDE

COURS MOYEN
Certificat d'Études

Dépôt Légal
Seine
No 3600
1902

NOTIONS GÉNÉRALES[1]

OBJET DE LA GÉOGRAPHIE

1. La géographie est la description de la Terre.

2. Divisions. — La géographie comprend trois parties, la *géographie physique*, la *géographie politique* et la *géographie économique*.

1° La géographie physique décrit la Terre telle que la nature l'a faite, montagnes et plaines, fleuves, côtes et mer, climats;

2° La géographie politique décrit la Terre divisée en États, l'organisation et administration de ces États;

3° La géographie économique décrit le parti que l'homme a tiré de la Terre par les voies de communication, l'agriculture, l'industrie, le commerce.

LA TERRE DANS L'ESPACE.

3. Forme de la Terre. — La Terre est ronde; elle a la forme d'une sphère.

Quand un navire approche du rivage, on aperçoit le haut de ses mâts, puis ses mâts tout entiers, avant de le voir lui-même.

Courbure de la Terre.

4. Dimensions de la Terre. — La Terre a 40 000 kilomètres de tour et une superficie de 510 millions de kilomètres carrés.

Elle a environ 1 000 fois l'étendue de la France, ce qui nous paraît énorme. Toutefois il est des mondes bien plus considérables qu'elle : le Soleil est 1 280 000 fois plus gros que la Terre.

5. Mouvements de la Terre. — La Terre roule dans l'espace. Elle est animée de deux mouvements : elle tourne: 1° *sur elle-même* en 24 heures; 2° *autour du Soleil* en une année.

On nomme *axe* le pivot imaginaire, sorte d'aiguille, autour duquel la Terre

semble tourner; — *pôles*, les deux points nord et sud où l'axe de la Terre semble percer la surface; le pôle nord est encore appelé pôle *arctique*, et le pôle sud, pôle *antarctique*.

On nomme *équateur* la ligne imaginaire qui fait le tour de la Terre à égale distance des deux pôles, à l'endroit où elle est la plus large; — *hémisphères*, les deux moitiés de la sphère terrestre situées des deux côtés de l'équateur, l'une au nord (hémisphère boréal), l'autre au sud (hémisphère austral).

6. Saisons. — Il y a quatre saisons dans l'année, le *printemps*, l'*été*, l'*automne* et l'*hiver*.

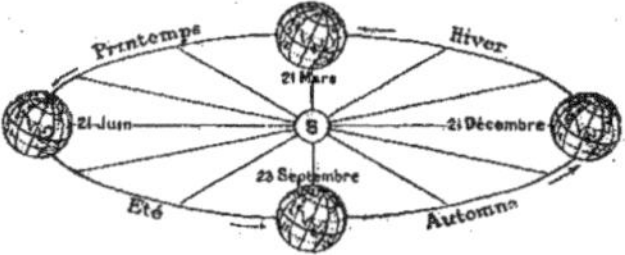

Les Saisons.

Dans l'hémisphère boréal, le *printemps* va du 21 mars au 21 juin; l'*été*, du 21 juin au 23 septembre; l'*automne*,

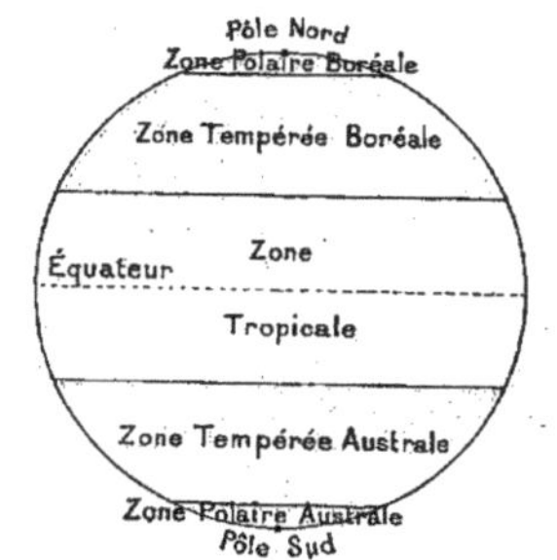

Zones terrestres.

du 23 septembre au 21 décembre; l'*hiver*, du 21 décembre au 21 mars.

7. Zones. — On distingue cinq grandes zones terrestres : *deux zones polaires*, au voisinage des pôles; *deux zones tempérées*; enfin, la *zone tropicale*, à cheval sur l'équateur.

8. 1ʳᵉ Lecture : La succession des saisons. — En tournant autour du Soleil, la Terre incline alternativement vers lui son pôle nord et son pôle sud. Comme c'est le soleil qui réchauffe la Terre, chacun des deux hémisphères reçoit successivement une plus grande quantité de chaleur que l'autre. Ainsi s'explique le jeu des saisons, c'est-à-dire la succession régulière des mois chauds et des mois froids.

Du 21 mars au 23 septembre, le Soleil éclaire surtout l'hémisphère boréal, qui a alors sa saison chaude, tandis que l'hémisphère austral traverse la saison froide.

Du 23 septembre au 21 mars, au contraire, l'hémisphère austral a sa saison chaude et l'hémisphère boréal sa saison froide.

9. 2ᵉ Lecture : Les zones de la Terre. — Les deux *zones polaires* comprennent les régions voisines des pôles. Il y fait toujours froid. Au pôle même, pendant une moitié de l'année (hiver), il y règne une nuit presque complète et ininterrompue. Pendant l'autre moitié de l'année (été), le Soleil ne se couche jamais. Il y fait donc jour six mois de suite, et nuit six mois de suite.

Les deux *zones tempérées*, une boréale, une australe, sont moins froides que les zones glacées, sans être jamais brûlantes : ce sont celles dont le climat convient le mieux aux hommes, et, par suite, celles où se sont formés les plus grands États.

La *zone tropicale* comprend les régions situées à cheval sur l'équateur; la chaleur y est toujours très forte.

Exercices.

Questionnaire. — 1-2. Qu'est-ce que la géographie? — Qu'appelle-t-on géographie physique? géographie politique? géographie économique?

3-9. Quelle est la forme de la Terre? — Quelle est sa grandeur? — Combien de fois est-elle plus grande que la France? — De combien de mouvements est-elle animée? — Qu'appelle-t-on axe de la Terre? pôles? équateur? hémisphères? — Pourquoi fait-il chez nous plus chaud en été? plus froid en hiver? — Énumérer les zones terrestres.

REPRÉSENTATION DE LA TERRE.

10. Points cardinaux et collatéraux. — S'orienter, c'est reconnaître sa position sur la Terre et savoir la direction d'un lieu donné. On s'oriente

---

[1] Les notions générales ont été étudiées en détail dans le cours élémentaire. On n'en donne ici qu'un résumé.

à l'aide des *points cardinaux* et des *points collatéraux*.

Il y a quatre **points cardinaux** : l'*Est*, le *Sud*, l'*Ouest*, le *Nord*.

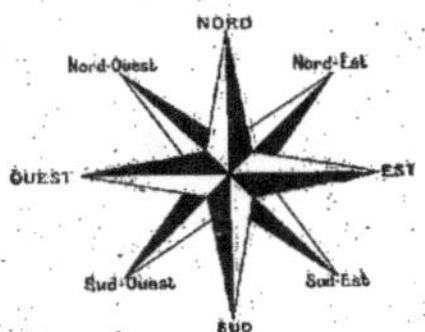

Rose des Vents.

Il y a quatre **points collatéraux**, ou intermédiaires : le *Sud-Est*, entre le sud et l'est, le *Sud-Ouest*, le *Nord-Ouest*, le *Nord-Est*.

L'ensemble de ces divisions et subdivisions forme la *Rose des Vents*.

11. Manières de s'orienter. — On peut s'orienter de trois manières : à l'aide du *Soleil*, à l'aide de l'*Étoile Polaire*, à l'aide de la *boussole*.

1° A l'aide du Soleil, le jour. Le soleil se lève tous les matins dans la direction de l'est, qu'on nomme aussi *levant* ou *orient*. Il se couche tous les soirs dans la direction de l'ouest, qu'on nomme aussi *couchant* ou *occident*. Le sud ou *midi* indique la direction du soleil vers le milieu du jour. A l'opposé du midi, est le nord ou *septentrion*.

2° A l'aide de l'Étoile Polaire, la nuit. Cette étoile est toujours dans la direction du nord.

3° A l'aide de la boussole, en tout temps. La boussole est un cadran au centre duquel est placée une aiguille aimantée et mobile, dont l'une des pointes se dirige toujours vers le nord.

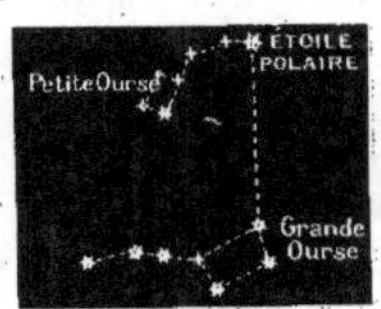

Étoile Polaire.

Boussole.

12. Méridiens et parallèles. — Pour déterminer la position exacte d'un lieu sur la Terre, on a imaginé des divisions appelées *méridiens* et *parallèles*, et divisées en 360 degrés.

1° Les **méridiens** sont de grands cercles qui font le tour de la Terre en passant par les pôles. Tous les points placés sur le même méridien ont midi ou minuit au même instant.

On nomme *méridien d'origine* le méridien à partir duquel on convient de compter les distances. En France, le méridien d'origine est celui qui passe par l'Observatoire de Paris.

2° Les **parallèles** sont des cercles tracés parallèlement à l'équateur, entre l'équateur et les deux pôles.

Les parallèles diminuent de longueur de l'équateur aux pôles.

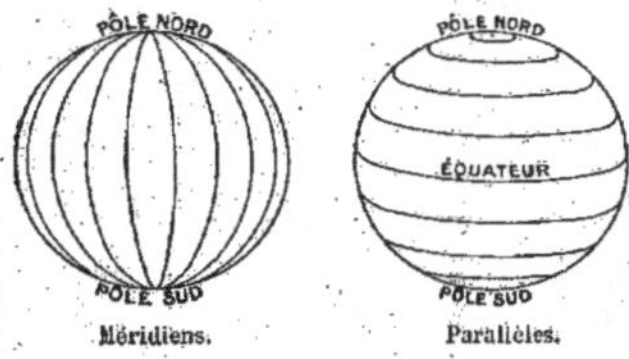

13. Latitude et longitude. — La position d'un lieu est déterminée par sa latitude et sa longitude.

On nomme **latitude** d'un lieu la distance, calculée en degrés, de ce lieu à l'équateur, ou la longueur de méridien, exprimée en kilomètres, qui l'en sépare.

Dans l'hémisphère boréal, la latitude est dite *septentrionale*; dans l'hémisphère austral, elle est dite *méridionale*.

On nomme **longitude** d'un lieu la distance qui le sépare du méridien d'origine.

Cette longitude est dite longitude *ouest* ou longitude *est*, selon que ce lieu est à l'ouest ou à l'est du méridien d'origine.

14. Globes et cartes. — Pour représenter la Terre, on se sert soit de *globes*, ou sphères mobiles sur un pied, soit de *cartes* planes.

On dessine sur ces globes et ces cartes les méridiens et les parallèles, et on peut y reporter tous les points dont on connaît la latitude et la longitude.

15. Lecture : Utilité de l'orientation. — La Terre est très vaste par rapport à l'homme, et l'on ne peut jamais en apercevoir qu'une petite partie à la fois. La surface qu'on embrasse, à cause de la courbure de la Terre, augmente à mesure qu'on s'élève.

Du haut d'une montagne élevée on peut apercevoir à 10 ou 15 lieues à la ronde, et l'étendue semble considérable. Cependant, un bon marcheur atteindrait en deux jours les lieux qui, du haut de la montagne, semblaient marquer la fin du monde. Et, à un homme faisant 40 kilomètres par jour, il faudrait près de trois années de marche continue pour faire le tour de la Terre.

On voit combien la Terre est immense, et combien il est nécessaire d'apprendre à s'y diriger pour ne pas s'y perdre et pour aller exactement où l'on veut aller.

Exercices.

Questionnaire. — 10-15. Qu'est-ce que s'orienter? — Pourquoi faut-il savoir s'orienter? — Quels sont les 4 points cardinaux? — Qu'entend-on par points collatéraux? — Qu'est-ce que l'Étoile Polaire? — Décrivez la boussole? — Qu'appelle-t-on méridien? parallèle? — Qu'appelle-t-on latitude? longitude? — Qu'est-ce qu'un globe? une carte?

Quelle est la position des points cardinaux pour une personne tournée vers le Soleil cou- chant? — *De quel côté de l'horizon est tournée la façade de l'école? De quel côté est votre maison par rapport à l'école?*

Cartographie. — Faire un cercle représentant le globe terrestre en indiquant l'axe, les pôles, l'équateur, les deux hémisphères, les zones.

TERMES GÉOGRAPHIQUES.

Relief du sol.

16. Continents et parties du monde. — Les continents sont les grandes étendues de terre qui émergent au-dessus de la surface des océans.

Chaque continent peut comprendre une ou plusieurs parties du monde.

17. Montagnes et collines. — Les montagnes sont des amoncellements naturels de terres et de rochers, beaucoup plus élevés que les pays environnants. Les différentes parties de la montagne sont : le *pied*; — le *versant*, la *pente*, le *flanc*; — le *faîte*, la *cime*, le *sommet*, la *crête*. (Voir grav., Une montagne, p. 6.)

Une suite de montagnes forme une *chaîne*; un ensemble de chaînes forme un *massif*.

Une *colline* est une petite montagne; un *coteau* est une petite colline.

On appelle *cols*, *gorges* ou *défilés*, les passages plus bas, par lesquels on peut franchir plus facilement une chaîne de montagnes.

Une *vallée* est une région plus basse, généralement étroite, comprise entre deux montagnes, ou deux chaînes de montagnes et de collines.

18. Volcans. — Les volcans sont des montagnes qui vomissent parfois des masses de vapeurs et de cendres brûlantes, ainsi que de grandes coulées de matières fondues, ou *laves*, qui se solidifient en se refroidissant.

On nomme *cratère* l'ouverture par où s'échappent toutes ces matières.

19. Plaine. — Une plaine est une étendue de pays plat ou peu accidenté.

20. Plateau. — Un plateau est une plaine élevée.

21. Désert. — Un désert est une étendue de sables ou de roches arides, faute d'humidité. On nomme *oasis* les places de verdure qui existent dans le désert partout où il y a de l'eau.

Exercices.

Questionnaire. — 16-21. Qu'est-ce qu'un continent? — Qu'est-ce qu'une montagne? une chaîne de montagnes? un massif? une vallée? un col? une colline? un coteau? — Qu'est-ce qu'un volcan? Qu'appelle-t-on cratère? lave? — Qu'est-ce qu'une plaine? un plateau? un désert? une oasis?

Mers et côtes.

22. Océans, mers. — On nomme *océans* les grandes étendues d'eau salée qui couvrent la surface terrestre, et *mers* les subdivisions des océans.

23. Côte. — Une *côte* est la partie d'un pays baignée par la mer.

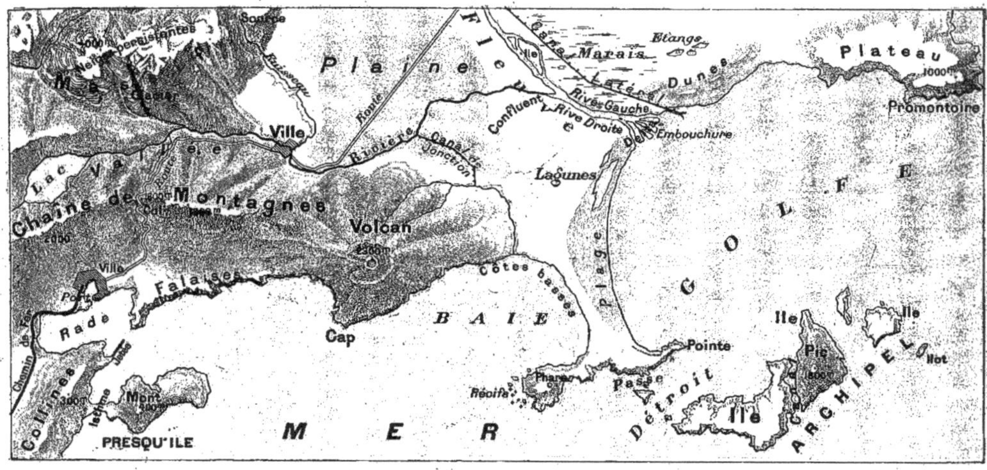

Termes géographiques.

On nomme *falaises* les murs de rochers, et *dunes* les collines de sable qui bordent une côte.

On nomme *grève* ou *plage* une côte basse, formée de sable.

24. Golfe. — On nomme *golfe* une partie de mer qui s'avance dans la terre. On nomme *baie* un petit golfe.

25. Détroit. — Un *détroit* est un bras de mer resserré entre deux terres et faisant communiquer deux mers.

26. Ile, archipel. — Une *île* est une terre entourée d'eau de tous côtés; un *archipel* est un groupe d'îles.

27. Presqu'ile. — Une *presqu'île* ou *péninsule* est une terre qui est presque une île, c'est-à-dire entourée d'eau partout sauf du côté où elle tient à la terre.

On nomme *cap, pointe, promontoire*, une saillie des terres dans la mer.

28. Isthme. — On nomme *isthme* une étroite bande de terre qui relie une presqu'île à un continent.

<u>Exercices.</u>

Questionnaire. — 22-28. Qu'appelle-t-on océan? mer? côte? plage ou grève? falaises? dunes? — Qu'est-ce qu'un golfe? Quel est le contraire d'un golfe? — Qu'est-ce qu'un détroit? Quel est le contraire d'un détroit? — Qu'est-ce qu'une île? un archipel? une presqu'île? un cap? un isthme?

Cours d'eau.

29. Versants. — On nomme *versant* d'un fleuve ou d'une mer l'ensemble des pentes qui versent leurs eaux à un même fleuve ou à une mer.

30. Cours d'eau. — Les cours d'eau sont formés par les pluies, les eaux des sources ou celles qui proviennent de la fonte des neiges. On les appelle, selon leur importance, *ruisseaux, rivières, fleuves.*

Le commencement d'un cours d'eau s'appelle *source*; sa fin dans la mer s'appelle *embouchure*.

Tout cours d'eau vient de l'*amont* (ou côté de la montagne) et va vers l'*aval* (ou côté de la vallée). (Voir grav., p. 10.)

31. Fleuve. — Un fleuve est un gros cours d'eau qui réunit les eaux de toute une région et les verse à la mer.

On nomme *affluents* les rivières qui le grossissent, et *confluent* le point où un affluent rejoint le fleuve principal.

On appelle *rive droite* celle qui est à droite en descendant le fil de l'eau, et *rive gauche*, celle qui est à gauche. (Voir grav., p. 10.)

L'embouchure d'un fleuve peut être formée par une ou plusieurs bouches : la bouche unique s'appelle *estuaire*; s'il y a plusieurs bouches, on nomme *delta* les terres basses qu'elles entourent.

32. Bassin. — On nomme *bassin* d'un fleuve tout le pays d'où lui viennent les eaux qui l'alimentent.

On nomme *ceinture du bassin* la ligne de hauteurs plus ou moins élevées qui sépare le bassin d'un fleuve de ceux des fleuves voisins.

On nomme *ligne de partage des eaux* le faîte, semblable au sommet d'un toit, qui sépare les deux versants opposés d'une chaîne de hauteurs.

33. Lac. — Un *lac* est un grand amas d'eau au milieu des terres.

<u>Exercices.</u>

Questionnaire — 29-33. Qu'est-ce qu'un versant? — Comment sont formés les cours d'eau? — Qu'est-ce qu'un fleuve? un affluent? un confluent? — Qu'appelle-t-on rive droite d'un cours d'eau? rive gauche? — Qu'est-ce que la source d'un fleuve? son embouchure? — Qu'appelle-t-on estuaire? delta? — Qu'est-ce que le bassin d'un fleuve? — Qu'appelle-t-on ceinture d'un bassin? — Qu'est-ce qu'une ligne de partage des eaux? — Qu'est-ce qu'un lac? Quel est le contraire d'un lac?

Géographie politique.

34. État. — On nomme *État* un pays dont tous les habitants obéissent aux mêmes lois. Cet État peut être un *royaume*, un *empire*, une *république*.

Le chef d'un État est appelé *roi*, *empereur*, *président*.

35. Subdivisions territoriales d'un État. — Les subdivisions territoriales des États portent des noms très différents. On les nomme *provinces, comtés, départements.*

La Belgique a des provinces, l'Angleterre des comtés, la France des départements.

36. Villes. — Les hommes vivent dans les *hameaux, villages, bourgs, villes.*

On nomme *capitale* d'un État la ville où réside le souverain, où siègent les assemblées politiques et les grandes administrations publiques.

<u>Exercices.</u>

Questionnaire. — 34-36. Qu'est-ce qu'un État? un royaume? un empire? une république? — Comment nomme-t-on les subdivisions d'un État? — Comment appelle-t-on les agglomérations où vivent les hommes? — Qu'est-ce qu'une capitale?

LA FRANCE

LIVRE I

GÉOGRAPHIE PHYSIQUE

CHAPÎTRE I

NOTIONS GÉNÉRALES

37. La France. — La France s'appelait jadis la Gaule.

Elle doit son nom actuel à la tribu germanique des *Francs* qui vint, avec son chef Clovis, s'établir sur les rives de la Seine, il y a environ 1 400 ans.

38. Situation. — La France est située dans l'*hémisphère boréal*, à peu près à égale distance de l'équateur et du pôle nord. Elle fait partie de l'Europe.

39. Limites. — La France est bornée : au nord-ouest, par la *Manche* ; — à l'ouest, par l'*océan Atlantique* ; — au sud par les *Pyrénées* et la *Méditerranée* ; — à l'est, par les *Alpes*, le *Jura* et les *Vosges* ; — au nord-est et au nord, par une *ligne conventionnelle*, allant des Vosges à la mer du Nord, et par la *Mer du Nord*.

La France touche à l'*Espagne*, l'*Italie*, la *Suisse*, l'*Allemagne* et la *Belgique* ; elle est voisine de l'*Angleterre*, dont elle est séparée par la Manche.

Dans ses limites, la France présente la forme d'une figure géométrique de six côtés, ou *hexagone*. Trois côtés de l'hexagone sont baignés par la mer ; trois côtés sont bordés par des terres.

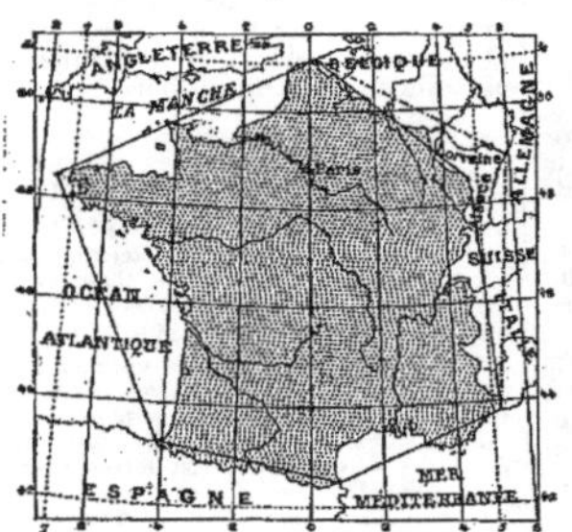

Forme et limites de la France.

40. Dimensions et superficie. — La France mesure environ 1 000 kilomètres du nord au sud, et environ 900 de l'ouest à l'est.

Pôle Sud.
Situation de la France dans le monde.

Sa superficie est de 536 000 kilomètres carrés, la millième partie environ de toute la surface du globe, la dix-huitième partie de l'Europe.

41. 1re Lecture : Avantages de la situation de la France. — La France est située à mi-chemin du pôle et de l'équateur.

C'est un premier avantage pour elle d'être dans la zone tempérée. Cette zone, en effet, est celle qui convient le mieux à l'homme par sa température et son humidité moyenne, favorables à la vie des végétaux et des hommes. La nature tropicale décourage les efforts humains, dans ses parties humides qui sont couvertes d'immenses forêts difficiles à pénétrer, comme dans ses parties sèches qui forment d'immenses déserts de sable brûlant. Dans la zone glaciale, le sol reste couvert, presque toute l'année, de neige et de glace ; les arbres et les arbustes n'y peuvent pousser ; on n'y trouve que des mousses et des lichens.

Deuxième avantage : la France est située à peu près au milieu de l'ensemble des continents. De la France aux deux extrémités nord-est et sud-est de l'Ancien Monde il y a à peu près la même distance que de la France aux deux extrémités nord-ouest et sud-ouest du Nouveau Monde. (Voir la carte ci-dessus.)

42. 2e Lecture : Grandeur comparée de la France. — La France est-elle un grand ou un petit État européen ?

Deux États sont plus grands qu'elle : la *Russie*, qui est dix fois plus étendue ; l'*Autriche-Hongrie*, dont la France n'est que les cinq sixièmes.

Un État a la même superficie : l'*Allemagne*, qui a 540 000 kil. carrés (France, 536 000).

Deux États sont sensiblement plus petits : les *Îles Britanniques* et l'*Italie*, qui n'ont qu'un peu plus de la moitié de son étendue.

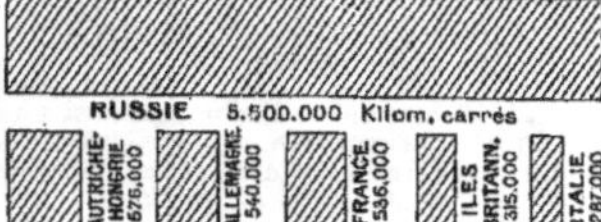

Superficie comparée des six grandes puissances européennes.

Exercices.

Questionnaire. — 37-39. D'où vient le nom de France ? — Comment l'appelait-on jadis ? — Dans quel hémisphère est-elle située ? dans quelle partie du monde ? dans quel continent ? dans quelle zone ? — Quelles sont les limites de la France ? — Quels sont les pays qui l'avoisinent ?

40-42. Quelle surface la France occupe-t-elle par rapport au globe ? à l'Europe ?

Le lieu que vous habitez est-il loin de la frontière ? — Quelle est la frontière la plus rapprochée de chez vous ? la plus éloignée ? Est-ce un avantage pour la France d'être dans la zone tempérée ? — Nommer des États européens plus grands qu'elle, plus petits qu'elle.

Cartographie. — Dessiner la France en montrant comment elle présente la forme d'un hexagone, ou figure géométrique de six côtés.

Devoir. — Résumer les avantages que présente la situation de la France.

CHAPITRE II

GÉOLOGIE[1]

43. Division. — Les terrains qui constituent la surface de la terre sont classés d'après leur ancienneté en quatre grandes catégories :

Terrains primitifs et primaires, schistes, granits, houille;

Terrains secondaires, calcaires;

Terrains tertiaires, sable, argile, marne;

Terrains quaternaires, limon, lave.

44. Importance des terrains. — Les terrains primitifs, primaires et secondaires, sont les plus riches en minerais, en houille et en bons matériaux de construction.

Les terrains tertiaires et quaternaires sont en général moins durs et plus faciles à cultiver.

45. Répartition des divers terrains en France. — La France possède toutes les variétés de terrains :

1° Des **terrains primitifs et primaires**, dans le *Massif central*, au centre; — le *Massif armoricain* (Bretagne), à l'ouest; — les *Pyrénées*, au sud; — les *Alpes*, au sud-est; — les *Ardennes* et les *Vosges*, au nord-est;

2° Des **terrains secondaires**, dans les *Alpes*, le *Jura*, la *Bourgogne*, la *Lorraine* et la *Champagne*, à l'est; — le *Berri* et le *Poitou*, au centre; — les *Causses*, au sud;

3° Des **terrains tertiaires**, dans le *Bassin de Paris*, au nord, et la *plaine de la Garonne*, au sud-ouest;

4° Des **terrains quaternaires**, dans quelques régions situées à l'embouchure des fleuves et sur les côtes, ainsi que dans les parties de l'Auvergne qui sont formées de laves.

46. 1re Lecture : Principales variétés de terrains. — La surface de la terre est formée de terrains qui diffèrent de couleur, de dureté et de qualités.

Parmi les roches primaires, on peut citer les *schistes*, roches feuilletées dont l'espèce la plus connue est l'ardoise, qui sert à couvrir les maisons; les *granits*, roches dures servant à la construction; la *houille*, formée de débris végétaux carbonisés et serrés en une masse dure.

De l'époque secondaire sont les roches calcaires et crayeuses qui caractérisent l'époque secondaire. Les principales variétés sont la *pierre de taille* et la *pierre à chaux*.

De l'époque tertiaire datent les *sables*, les *argiles*, qui servent à la poterie; les *marnes*, sortes d'argiles blanchâtres; les *moellons*, pierres légères de construction.

A l'époque quaternaire appartiennent les *limons* et les *boues*, que roulent les fleuves, ainsi que les *laves*, pierres poreuses noires, que rejettent les volcans en activité : la lave

France géologique.

sert à construire des maisons, comme par exemple en Auvergne.

47. 2e Lecture : Utilité des connaissances géologiques. — L'aspect extérieur d'un pays, les productions et le type des habitations dépendent de la nature des terrains.

1° Certains pays sont couverts d'étangs et de marécages; la moindre pluie détrempe le sol qui reste longtemps après humide et gras. D'autres sont très secs; l'eau à peine tombée y disparaît; une heure de soleil après la pluie suffit pour sécher les routes. Pourquoi?

Le premier pays est formé de terre argileuse serrée, compacte, qui retient l'eau à la surface : c'est ce qui arrive si on verse de l'eau sur de la terre glaise. Le second pays, au contraire, est formé d'une terre légère, à grains fins, où l'eau filtre sans peine : un arrosoir d'eau versé sur un tas de sable disparaît à vue d'œil.

2° Les agriculteurs distinguent les terres froides et les terres chaudes. Les terres froides sont les terres compactes (argiles) qui s'échauffent lentement parce qu'elles sont imprégnées d'eau. Les terres chaudes sont les terres légères (calcaires, sables).

Les premières conviennent mieux aux plantes qui aiment l'humidité; les secondes aux plantes qui aiment la chaleur. C'est pourquoi certains pays ont surtout des prairies, et d'autres surtout des champs (Champagnes) ou des vignobles.

3° Si les maisons d'habitation diffèrent d'une région à l'autre, cela tient encore à ce que l'homme utilise de préférence les matériaux qu'il a sous la main, et que ces matériaux changent suivant la nature du sol.

En Bretagne, en Auvergne, pays de terrains primitifs, primaires ou volcaniques, les maisons sont en pierre dure, les toits sont couverts d'ardoises. En Sologne, dans la Dombes, pays d'argile, les maisons sont souvent faites de terre argileuse mélangée de paille, ou torchis; ou bien, encore, elles sont bâties en briques et couvertes de tuiles, les briques et les tuiles n'étant que de l'argile façonnée et cuite au soleil ou au four.

Exercices.

Questionnaire. — 43-45. Comment classe-t-on les terrains d'après leur ancienneté? — Où trouve-t-on en France les terrains primitifs et primaires? les terrains secondaires? les terrains tertiaires? les terrains quaternaires? — Quels sont les terrains les plus riches en minerais et en matériaux de construction? Quels sont les plus faciles à cultiver?

46-47. Citer les principales variétés de terrains anciens, de terrains secondaires, de terrains tertiaires, de terrains quaternaires. — Pourquoi certains terrains conservent-ils l'humidité mieux que d'autres? — Qu'appelle-t-on terres froides? Que produisent-elles en France? — Qu'appelle-t-on terres chaudes? Qu'y cultive-t-on?

Quel terrain trouve-t-on dans la région que vous habitez? En quoi sont généralement bâties les maisons? Avec quoi sont-elles couvertes? Pourquoi en est-il ainsi? Quand il pleut, les routes de la commune sèchent-elles vite ou lentement? En donner la raison.

Cartographie. — Dessiner la carte des terrains primaires, secondaires, tertiaires en France.

---

[1]. Cette leçon pourra être supprimée si le maître le juge à propos. Il nous a semblé toutefois qu'on devait la faire figurer, au moins sommairement, dans un cours de géographie. — La carte a été conçue dans le même esprit de simplification.

CHAPITRE III

MONTAGNES ET PLAINES

48. Vue générale. — La France est à la fois un pays de *plaines*, de *collines* et de *montagnes*.

Le nord et l'ouest ont surtout des plaines et des collines ; le sud et l'est, surtout des montagnes.

Une montagne.

49. Montagnes françaises. — La France renferme cinq massifs montagneux principaux qui sont, par ordre d'importance :

1° Les Alpes, au sud-est ;
2° Les Pyrénées, au sud-ouest ;
3° Le Massif central, au centre ;
4° Le Jura, à l'est ;
5° Les Vosges, au nord du Jura.

De ces cinq massifs, deux seulement, les Alpes et les Pyrénées, sont assez élevés pour conserver sur leurs sommets des neiges pendant toute l'année.

50. Collines. — Les petites montagnes et les collines françaises sont :

1° Au nord-est du Massif central : le *Morvan*, la *Côte d'or*, le *plateau de Langres* et les *Faucilles* ;

2° Au nord de la France : le *plateau des Ardennes*, les *collines d'Artois* et le *plateau de Picardie* ;

3° Au nord-ouest : les *collines du Perche*, de *Normandie* et du *Maine* ;

4° À l'ouest : les *monts de Bretagne* et le *Bocage vendéen*.

51. Plaines. — Les principales plaines de la France sont :

1° Au nord et au nord-ouest : le Bassin

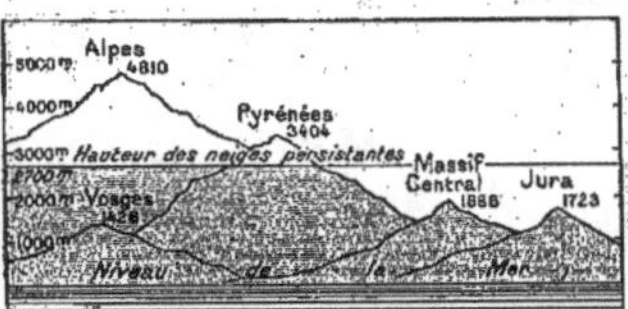

Hauteur des montagnes de France.

de Paris, la *Flandre*, la *Champagne*, la *Beauce* et la *plaine de Normandie* ;

2° Au centre, à l'ouest et au sud-ouest : les *plaines du Berri*, du *Poitou* et la **plaine de la Garonne** ;

3° Au sud : la *plaine du Languedoc*.

52. 1re LECTURE : **Montagnes et plaines.** — Les montagnes et les plaines présentent les différences suivantes :

1° *La montagne est plus accidentée.* Par définition, la plaine est plate ou peu ondulée ; au contraire, la montagne s'élève en hauteur.

Par suite, le cours d'eau de la montagne est un torrent ; il coule au fond d'une vallée creuse ou gorge ; sa pente est très forte, son cours rapide est souvent coupé de chutes et de petites cascades. (voir grav., le Rhône dans le Jura, p. 14), tandis que le cours d'eau de la plaine coule à fleur de terre, avec peu de pente et un cours plus large et plus lent. (Voir grav., la Loire en Touraine, p. 13.)

Par suite aussi, les routes et les chemins de fer sont moins faciles à établir dans les montagnes que dans les plaines. Pour construire une route ou une voie ferrée dans les montagnes, il faut faire sauter des roches, établir des remblais en maçonnerie, construire à grands frais des ponts et des viaducs sur les gorges profondes, percer des tunnels.

2° *La montagne est plus froide.* Si, au mois de juillet, on fait l'ascension d'une

Grande montagne : Le Mont-Blanc.

haute montagne, on remarque que l'air devient plus frais, à mesure qu'on monte. Au pied de la montagne, dans la plaine, il fait une chaleur d'été. Sur les versants, à 1000 mètres ou 1200 mètres d'altitude, le soleil brille encore de tout son éclat, mais ses rayons sont moins chauds ; on se croirait au printemps. Enfin, quand on a atteint les hauteurs de la montagne, vers 2500 mètres,

Étagement des cultures dans les Alpes.

ce n'est plus au printemps, c'est en hiver qu'on croit être, même en plein mois de juillet. Plus on s'élève dans l'air, plus la température s'abaisse.

Ce fait explique qu'il y ait sur les très hautes montagnes des neiges et des glaces qui ne fondent jamais, tout comme dans les environs des pôles. Et cela, même sur les montagnes de la zone torride. Seulement il faut monter à plus de 5000 mètres sous l'équateur pour trouver des neiges éternelles, tandis qu'en France on les trouve dès 2700 mètres environ.

On nomme *grandes montagnes* celles qui

ont toute l'année des neiges et des glaciers, ce qui rend leur ascension particulièrement périlleuse. (Voir grav., le Mont-Blanc, p. 6, le Cirque de Gavarnie, p. 8.) On nomme *montagnes moyennes* celles qui ne conservent des neiges qu'une partie de l'année. (Voir grav., les Vosges, p. 9, et Paysage de Corse, p. 34.)

En France, les Alpes et les Pyrénées seules sont de grandes montagnes ; le Massif central, le Jura et les Vosges ne sont que des montagnes moyennes.

3° *La montagne a une végétation très variée*, à cause des changements du climat à mesure qu'on s'élève.

Au bas de la montagne et sur les premières pentes, on trouve toutes les cultures de la plaine voisine. Mais, à mesure que l'on s'élève et que le climat devient plus froid, on ne trouve plus les plantes des plaines, qui n'y ont pas assez de chaleur pour croître.

Si l'on fait l'ascension des Alpes, on trouve jusqu'à 700 mètres des champs de blé et des vignes ; de 700 à 1600, quelques champs de seigle et de pommes de terre, avec de vastes forêts de bouleaux ou de sapins et des pâturages ; de 1600 à 2200, des forêts de plus en plus clairsemées de pins et de mélèzes, arbres de la Russie septentrionale, et d'immenses pâturages ; enfin, après 2200 mètres, des rochers, puis des neiges persistantes.

En quelques heures, on passe ainsi de la végétation de la Provence à celle des régions polaires.

53. 2e LECTURE : **Avantages des plaines.** — Les montagnes sont plus salubres et plus pittoresques que les plaines ; mais les plaines ont plus de ressources agricoles et offrent plus de facilité au commerce.

Aussi les plaines sont-elles plus peuplées que les montagnes. Presque toutes les grandes villes de France sont situées dans les plaines.

Qui ne sait d'ailleurs que beaucoup de montagnards quittent leur pays, dans leur jeunesse, pour s'en aller gagner leur vie dans les grandes villes des plaines ? Le Massif central envoie ainsi beaucoup de maçons dans les villes du Centre. La plupart de ces ouvriers, venus de la montagne au printemps, travaillent tout l'été dans la plaine pendant que leur femme cultive le champ et fait la récolte ; ils remontent dans la montagne à l'automne, afin de passer dans leur famille la saison d'hiver pendant laquelle le froid amène la suspension du travail.

54. 3e LECTURE : **Importance relative des montagnes françaises.** — Les montagnes françaises nous paraissent très élevées, et, en effet, le Mont-Blanc (4,810 m.) dans les Alpes, point culminant de la France, est la plus haute montagne de l'Europe entière.

Cependant il ne faut pas oublier que l'Asie a des sommets qui dépassent 8000 mètres (Himalaya, 8840 m.), que l'Amérique a des monts de 7000 mètres, et l'Afrique des monts de 6000 mètres. Nos montagnes les plus élevées dépassent donc à peine la moitié des plus hautes montagnes du globe.

Exercices.

Questionnaire. — 48-51. Quels sont les principaux termes relatifs au relief du sol ? Les définir. — Quels sont, par ordre d'importance, les cinq grands massifs montagneux français ? — Lesquels portent des neiges éternelles ? — Citer les principales collines : au nord-est du Massif central, au nord de la France, au nord-ouest, à l'ouest. — Quelles sont les plaines principales.

France, relief du sol: — Le relief du sol français est composé de deux parties : une région de plaines à l'O. et au N.; une région de montagnes au S. et à l'E. La partie la plus étendue de la *région de plaines* s'incline vers la mer de la Manche ; c'est là que s'est fondée la capitale de la France, Paris.

La *région montagneuse* est composée d'un massif de moyenne hauteur, le *Massif central*, d'où les eaux s'écoulent vers la Seine, la Loire, la Garonne et le Rhône, et d'une série de chaînes, Vosges, Jura, Alpes, Pyrénées, qui encadrent l'est et le sud de la France.

Habitez-vous un pays de plaines ou de montagnes ? — Quelles sont les montagnes les plus rapprochées du lieu que vous habitez ? les plaines ? les collines ?

Cartographie. — Dessiner la carte de France en indiquant l'emplacement des principales chaînes de montagnes, des principales collines, des principales plaines.

MASSIF CENTRAL.

55. Étendue, importance. — Le Massif central couvre la France centrale sur une étendue qui égale environ la septième partie de notre pays.

56. Massifs et sommets. — Le Massif central renferme : 1° des chaînes au sud-est et à l'est, 2° des plateaux à l'ouest et 3° des plateaux au sud.

1° Au sud-est et à l'est, les principales chaînes sont :

Entre le Rhône et la Loire, les **Cévennes** (mont Lozère), les *monts du Vivarais* (Gerbier de Jonc, Mézenc 1 754 m.), les *monts du Lyonnais*, du

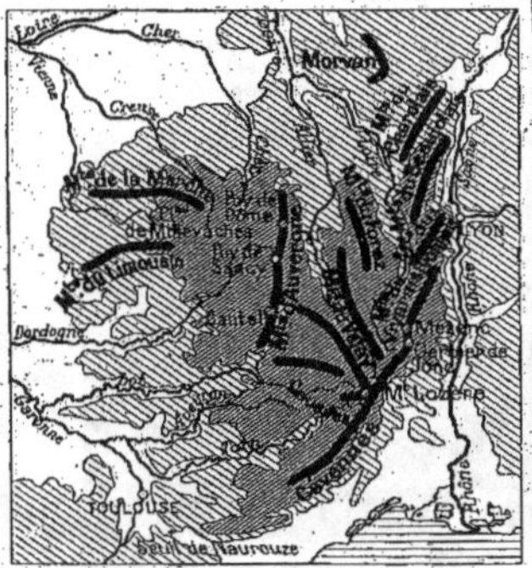

Le Massif central.

Beaujolais, du *Charolais* ; — Entre la Loire et l'Allier, les *monts du Velay* et du *Forez* ; — Au nord-est de la Loire, le *Morvan* ; — A l'ouest de l'Allier, les **Monts d'Auvergne** avec le *Cantal*, le *Puy de Sancy* (1 886 m.), le sommet le plus élevé du Massif central, et le *Puy de Dôme* (*puy* signifie *pic* dans le patois du pays).

2° A l'ouest, sont le *plateau de Millevaches*, les *monts de la Marche* et du *Limousin*.

3° Au sud sont les **Causses**, plateaux formés de rochers calcaires.

57. Description. — Le Massif central n'a point de sommets très élevés. On n'y voit ni glaciers ni neiges persistantes. Mais, à cause de sa situation, c'est le massif montagneux le plus important de toute la France. Il envoie des eaux par différentes pentes à nos quatre grands fleuves, Seine, Loire, Garonne, Rhône.

Les *Monts d'Auvergne* en forment la partie la plus pittoresque. La plupart de leurs sommets sont des volcans éteints. Les eaux de

pluie ont rempli beaucoup de leurs cratères en y formant des lacs. Au pied de ces anciens volcans se voient encore de gigantesques coulées de laves qu'on exploite pour avoir les pierres à bâtir dont sont construites la plupart des villes noires d'Auvergne.

Les *plateaux du Limousin* et de *la Marche* sont couverts d'herbages où paissent les troupeaux, et de châtaigniers.

Les *Causses* sont secs, arides. Ce sont de grandes étendues pierreuses, couvertes d'une herbe maigre. Ils nourrissent les brebis dont le lait sert à fabriquer le fromage de Roquefort. Les habitants sont très peu nombreux sur les Causses ; les bourgs et les villes de la région sont bâtis le long des cours d'eau qui coulent entre ces hauts plateaux.

Exercices.

Questionnaire. — 55-57. Quelles sont les principales chaînes du Massif central ? Quelles chaînes du Massif central séparent la Loire du Rhône, la Loire de l'Allier ? — Quels sont les principaux plateaux ? — Qu'appelle-t-on les Causses ? — Quel est le point culminant du Massif central ? — Décrire les monts d'Auvergne, les monts du Limousin, les Causses.

Cartographie. — Dessiner le Massif central.

Devoir. — Décrire le Massif central, son étendue, son importance, ses principaux massifs et sommets.

PYRÉNÉES.

58. Situation, longueur. — Les Pyrénées se dressent comme un grand mur long de 420 kilomètres, au sud-ouest de la France, entre la France et l'Espagne.

59. Division et sommets. — On distingue les *Pyrénées occidentales*, les *Pyrénées centrales* et les *Pyrénées orientales*.

1° Les **Pyrénées occidentales** vont du golfe de Gascogne au Somport. Elles ne dépassent 2 000 mètres qu'en très peu de points.

2° Les **Pyrénées centrales**, entre le Somport et le col de la Perche, forment la partie la plus élevée de la chaîne. Les sommets principaux sont : le *Vignemale*, le *Mont-Perdu*, et le *pic d'Aneto* (3 404 m.), dans le chaînon de la Maladetta, au sud du val d'Aran, où la Garonne prend sa source.

3° Les **Pyrénées orientales**, entre le col de la Perche et la Méditerranée, ont pour principal sommet le *Canigou* (2 785 m.).

Tout auprès de la Méditerranée, les Pyrénées orientales ont reçu le nom d'*Albères*. Elles se prolongent dans la mer par les caps Cerbère et de Creus.

60. Passages. — Les principaux passages des Pyrénées sont :

1° A l'ouest : le *col de Roncevaux* et le *Somport* ;

2° A l'est : le *col de la Perche* et le *col du Perthus*.

Deux voies ferrées traversent les Pyrénées, unissant la France à l'Espagne : l'une longe l'Atlantique, à l'ouest ; l'autre longe la Méditerranée, à l'est.

Les Pyrénées : Cirque de Gavarnie.

61. Description. — Les Pyrénées s'abaissent vers leurs deux extrémités et sont plus faciles à franchir ; elles sont très élevées, au contraire, dans toute leur partie centrale.

A l'ouest, les Pyrénées sont habitées sur leurs deux versants par le peuple des *Basques*. A l'est, la province française de Roussillon et la province espagnole de Catalogne présentent le même aspect. Le Roussillon est, du reste, resté entre les mains de l'Espagne pendant de nombreux siècles jusqu'en 1659.

Au centre, au contraire, les Pyrénées sont très difficiles à franchir. Non pas qu'elles soient relativement très élevées et couvertes d'amas de glaces : leurs glaciers sont peu nombreux et peu étendus, et les points culminants sont inférieurs de 1 400 mètres au Mont-Blanc, principal sommet des Alpes.

Ce qui les rend infranchissables, c'est l'absence de cols bas et d'accès facile. De loin, les Pyrénées centrales présentent l'aspect d'une scie, d'une *sierra*, c'est-à-dire d'une crête dentelée. Les cols, ou *ports*, sont à peine moins élevés que les sommets. Aussi, aucune route ne les franchit ; on n'y trouve

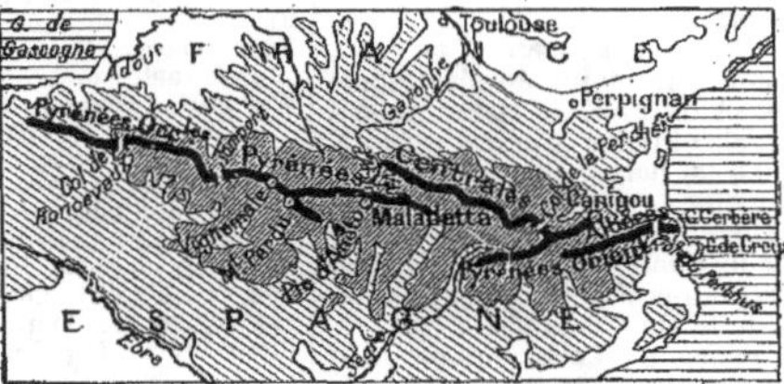

Les Pyrénées.

que des sentiers muletiers, suivis uniquement par de rares voyageurs.

Par suite, il n'existe aucune communication suivie entre le versant français et le versant espagnol des Pyrénées centrales. Tout diffère entre eux : le ciel, plus brumeux au nord, plus éclatant au sud ; la nature, plus verte et plus fraîche au nord, plus desséchée et brûlée au sud. Au nord des Pyrénées centrales, c'est la France océanique, avec des sapins, des pâturages, des champs de blé et de maïs, des vignes ; au sud, c'est l'Espagne, presque l'Afrique, avec des rocs nus, des forêts d'oliviers, des figuiers de Barbarie.

Les Pyrénées sont très pittoresques. Elles renferment un grand nombre de beautés naturelles, comme le *Cirque de Gavarnie*, vaste espace entouré de neiges et de glaces au fond duquel le Gave de Pau tombe en une cascade de 400 mètres de hauteur.

Exercices.

Questionnaire. — 58-61. Où sont situées les Pyrénées ? — Où sont-elles le plus élevées ? — Citer les principaux sommets. — Portent-ils des neiges éternelles et des glaciers ? — Qu'est-ce que les Albères ? — Citer les principaux passages à l'ouest de la chaîne, à l'est. — Citer les voies ferrées qui traversent les Pyrénées. — Décrire les Pyrénées.

Cartographie. — Faire la carte des Pyrénées.

Devoir. — Décrire les Pyrénées, leur situation, leur longueur, leurs divisions, leurs principaux sommets, leurs principaux passages.

ALPES.

62. Situation, importance. — Les Alpes françaises sont situées au sud-est de la France. Elles forment la partie occidentale du grand massif montagneux qui s'étend en forme de croissant de la Méditerranée jusqu'au Danube, vers Vienne en Autriche.

63. Division et sommets. — On divise les Alpes françaises en trois grandes parties : *Alpes de Savoie*, *Alpes du Dauphiné*, *Alpes de Provence*.

1° Les **Alpes de Savoie**, au nord, sont dominées par le *Mont-Blanc* (4 810 m.), point culminant de la France ; il est chargé de neiges et de glaciers, dont le plus connu est la *mer de Glace*.

Elles s'abaissent au nord vers le lac Léman, et à l'ouest vers le Rhône. On y trouve le *lac d'Annecy* et le *lac du Bourget*.

2° Les **Alpes du Dauphiné**, au centre, sont à peine moins hautes. Leurs deux sommets principaux sont le *Mont-Viso* et le *Pelvoux*.

3° Les **Alpes de Provence**, au sud, ont des sommets moins élevés, moins de neiges et de glaciers. Leur massif principal est celui des *Alpes Maritimes*, dont le pied est baigné par la Méditerranée.

Parmi les massifs secondaires, on peut citer le *Mont-Ventoux*, non loin du Rhône ; la *chaîne des Maures* et l'*Estérel*, près de la Méditerranée.

4° Les **monts de Corse**, qu'on peut rattacher aux Alpes, atteignent 2 710 m. au *monte Cinto*.

64. Passages. — Les Alpes françaises sont traversées par trois routes principales et une voie ferrée.

Les trois routes traversent le *col du Mont-Cenis* et le *col du Mont-Genèvre*, dans les Alpes du Dauphiné, au centre ; et le *col de Tende*, dans les Alpes Maritimes, au sud.

La voie ferrée est celle de Paris à Turin qui traverse les Alpes du Dau-

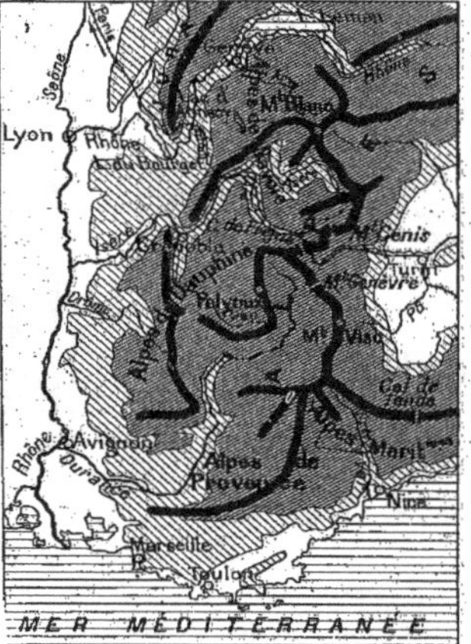

Les Alpes.

phiné sous le *col de Fréjus*, par un tunnel de 13 kilomètres qu'on appelle généralement *tunnel du Mont-Cenis*.

65. Description. — Les Alpes sont les montagnes les plus élevées de la France et de l'Europe entière. Elles sont bien plus hautes que les Pyrénées, et elles forment une masse bien plus étendue ; les glaciers qu'elles portent sont aussi beaucoup plus vastes : à eux seuls, les glaciers qui couvrent le massif du Mont-Blanc ont sept à huit fois plus d'étendue que ceux de la chaîne des Pyrénées tout entière. (Voir grav., le Mont-Blanc, p. 6.)

Cependant on franchit les Alpes avec une facilité relative. Cela tient à deux raisons : 1° à l'existence des vallées qui traversent le massif alpestre et forment comme des couloirs qui permettent de s'avancer au cœur des montagnes ; 2° à l'altitude relativement basse des cols qui dépassent rarement 2 000 mètres et qui sont traversés par de bonnes routes praticables pour les voitures. (Voir grav., Passage du Mont-Cenis, p. 34.)

De très nombreuses expéditions armées ont franchi les Alpes, même dans les temps reculés. C'est en traversant les Alpes qu'Annibal envahit l'Italie. Les armées romaines les franchirent souvent, notamment avec César pour aller en Gaule. Plus tard, Charlemagne, puis Charles VIII, Louis XII, François Ier les ont passées avec leurs armées, pour envahir l'Italie. Enfin, Napoléon les traversa au mois de mai 1800, et, bien qu'il emmenât avec lui une nombreuse artillerie, il effectua le passage sans trop grandes difficultés.

Exercices.

Questionnaire. — 62-65. Où sont situées les Alpes ? — Comment se divise-t-on ? — Quel est leur sommet principal et quelle est sa hauteur ? — Porte-t-il des glaciers ? — Qu'est-ce que les Alpes Maritimes ? — Citer les principaux passages des Alpes, le sommet principal des monts de Corse.

Cartographie. — Dessiner les Alpes françaises.

Devoir. — Décrire les Alpes françaises, leur situation, leur importance, leurs divisions, leurs principaux sommets et passages. — Comparer les Alpes françaises aux Pyrénées, comme forme générale, hauteur, aspect, facilité des passages.

JURA ET VOSGES.

66. Jura. — Le Jura se compose de plateaux et de chaînes moyennes, situés partie en France et partie en Suisse. Son point culminant est le *Crêt de la Neige* (1 723 m.), au sud-est, près du lac Léman.

67. Trouée de Belfort. — La trouée de Belfort sépare le Jura des Vosges. Elle mène des plaines du Rhin à celles de la Saône.

68. Vosges. — Les Vosges sont des montagnes moyennes. Les principaux sommets sont le *ballon de Guebwiller* (1 426 m.), au milieu de la plaine d'Alsace, le *ballon d'Alsace* et le *Hohneck*.

69. Description. — Le *Jura* dépasse rarement 1 200 ou 1 400 mètres : donc pas de glaciers ; les neiges n'y séjournent que la moitié de l'année. Le Jura est couvert de pâturages et de grandes forêts de sapins.

La *Trouée de Belfort* n'a que 344 mètres de hauteur entre les Vosges et le Jura qui en ont plus de 1 200. Elle ouvre un passage naturel facile : de là l'importance militaire de Belfort qui commande ce passage.

Les *Vosges* sont très pittoresques. Leurs sommets arrondis portent de belles forêts de sapins et des pâturages. Dans leurs vallées

Montagnes moyennes : Les Vosges à Retournemer.

coulent de clairs torrents ; on y trouve aussi des lacs pittoresques comme ceux de Gérardmer et de Retournemer.

La plupart des sommets arrondis des Vosges portent le nom de *ballons*. On dit souvent, mais à tort, que ce nom leur est donné à cause de leur forme. Ballon vient du vieux mot gaulois *bal*, qui signifiait montagne.

Depuis la guerre de 1870-1871, la France ne possède plus que la partie méridionale des Vosges.

Exercices.

Questionnaire. — 66-69. Où est situé le Jura ? — Citer son point culminant. — Porte-t-il des neiges éternelles ? — Qu'est-ce que la Trouée de Belfort ? — Où sont situées les Vosges ? — Quels sont leurs principaux sommets ?

Devoir. — Décrire le Jura et les Vosges.

Devoir récapitulatif. — Dessiner la France en indiquant les principales montagnes, les principaux sommets et les plaines principales.

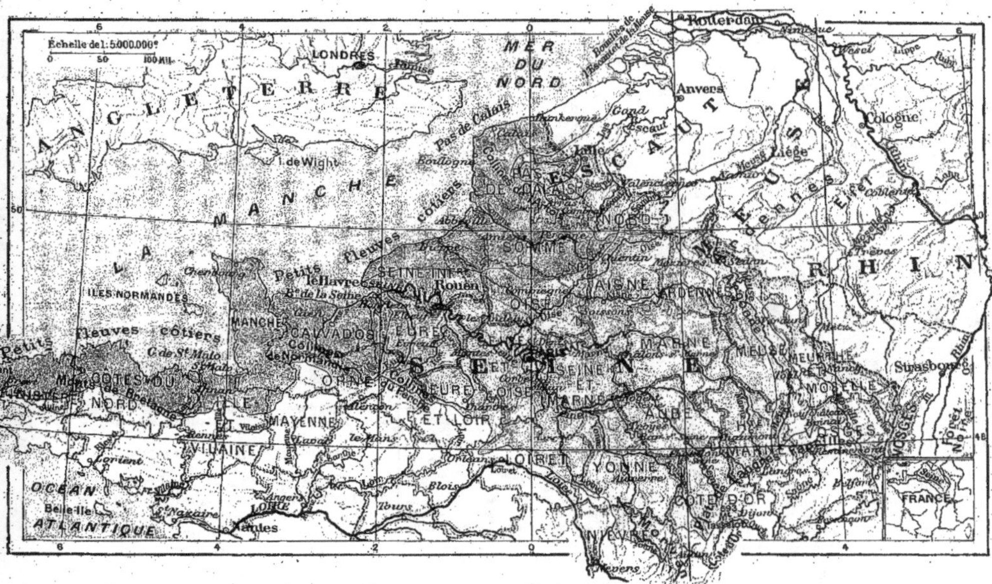

Versants de la Mer du Nord et de la Manche.

CHAPITRE IV

COURS D'EAU

70. Versants de la France. — Les eaux qui arrosent la France se partagent entre deux versants :

1° Le **versant du Nord-Ouest**, qui comprend les versants de la mer du Nord, de la Manche et de l'Atlantique;

2° Le **versant du Sud-Est**, ou versant de la Méditerranée.

La ligne de partage des eaux entre ces deux versants est formée par des hauteurs très inégales, les unes très élevées, les autres à peine sensibles. Elle suit successivement les *Alpes*, le *Jura*, les *Vosges méridionales*, les *Faucilles*, le *plateau de Langres*, les *Cévennes* et les *Pyrénées*.

71. Cours d'eau français. — La France a quatre grands fleuves, quatorze fleuves secondaires, enfin trois cours d'eau importants qui ne lui appartiennent que dans leur partie supérieure.

Les quatre grands fleuves sont :

La **Seine**, versant de la Manche;

La **Loire**,
La **Garonne**, } versant de l'Atlantique;

Le **Rhône**, versant de la Méditerranée.

Les principaux fleuves secondaires sont :

La *Somme*,
L'*Orne*,
La *Rance*, } versant de la Manche;

L'*Aulne*,
Le *Blavet*,
La *Vilaine*,
La *Sèvre Niortaise*,
La *Charente*,
L'*Adour*, } versant de l'Atlantique;

La *Têt*,
L'*Aude*,
L'*Hérault*,
Le *Var*,
Le *Golo* (Corse), } versant de la Méditerranée.

Les trois cours d'eau importants dont la France n'a que les parties supérieures sont :

L'*Escaut*,
La *Meuse*,
La *Moselle*, } versant de la mer du Nord.

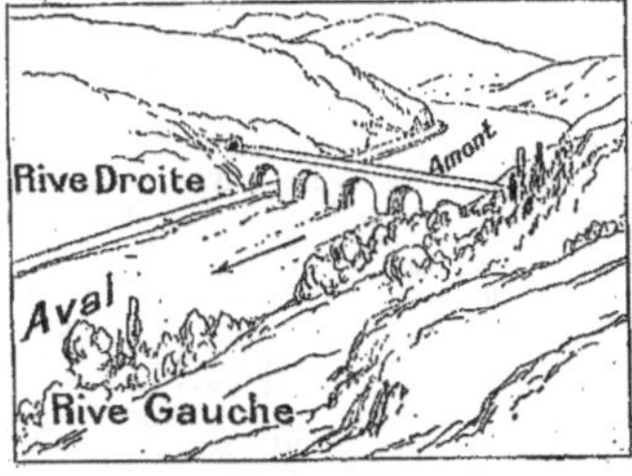

Longueur comparée des principaux fleuves français.

72. Lacs. — La France n'a que peu de lacs et tous sont petits, à l'exception du *lac Léman* ou de *Genève*, qu'elle partage avec la Suisse.

Les trois lacs français principaux sont : le *lac d'Annecy* et le *lac du Bourget*, en Savoie; le *lac de Grandlieu*, au sud de l'estuaire de la Loire.

73. 1re Lecture : Histoire d'un fleuve. — On a dit (page 3) que les fleuves descendent des montagnes vers les plaines et vers la mer, d'*amont* en *aval*. Ils séparent deux rives, la *rive droite* et la *rive gauche*, ainsi nommées suivant qu'on les a à droite et à gauche en descendant le courant.

Le plus grand fleuve commence par être un tout petit cours d'eau, filet liquide qui sort paisiblement de terre au milieu des

Termes géographiques relatifs aux fleuves.

gazons de la montagne ou qui sort tout boueux de l'extrémité inférieure d'un glacier.

Ce n'est longtemps qu'un torrent vif, écumeux, qui coule encaissé entre de grands murs de rochers, coupé de chutes et de cascades. (Voir grav., le Rhône dans le Jura, p 14.) Son lit est encombré de blocs de rochers et de grosses pierres que le torrent arrache à la montagne, quand il est grossi par un violent orage ou par une très forte pluie.

Arrivé en plaine, il s'apaise, s'élargit, devient plus profond. Des affluents le grossissent. C'est alors avec une lenteur majestueuse qu'il traverse les plaines, enserrant parfois dans ses eaux partagées en bras des îles couvertes d'arbres et de végétation. (Voir grav., la Loire en Touraine, p. 13.)

Près de la mer, il devient sensible à l'action de la marée qui y remonte deux fois par jour. C'est l'estuaire qui commence. Le fleuve, qui précédemment ne portait que des bateaux de rivière, porte maintenant des navires et même de grands vaisseaux. (Voir grav., la Seine maritime à Rouen.)

La Seine maritime à Rouen.

Les fleuves sont du reste loin de se ressembler tous. Les uns restent presque jusqu'à leur embouchure rapides et torrentueux (le Rhône), tandis que d'autres sont lents et tranquilles de bonne heure (la Seine) : cette différence vient de ce que le fleuve traverse des pays de montagnes ou de plaines.

Notons aussi qu'un fleuve ne présente pas toujours le même aspect d'un bout à l'autre de l'année. Certains fleuves ont toujours à peu près la même hauteur d'eau. D'autres varient beaucoup d'une saison à l'autre, sont tantôt pleins d'eau et tantôt presque à sec (la Loire). Ces différences tiennent surtout au climat qui règne dans le bassin.

74. 2ᵉ Lecture : Utilité des fleuves. — Les fleuves peuvent être des voisins dangereux. Parfois, après des pluies torrentielles, ils ont des crues qui élèvent leur niveau de 2, 3, 5, 8 mètres. Ils sortent alors de leur lit ordinaire, envahissent les prairies et les champs, remplissent les caves, inondent les bas quartiers des villes qu'ils traversent. L'inondation terminée, on constate qu'elle a fait des dégâts nombreux. Elle a emporté les moissons, et tout ce qui pouvait flotter, troncs d'arbres, poutres, tonneaux, meubles. Elle laisse le sol inondé recouvert d'une boue grasse. Des maisons sont abattues, d'autres ébranlées. L'inondation de la Garonne, en 1875, renversa plusieurs milliers de maisons à Toulouse et fit de nombreuses victimes.

Si le voisinage des fleuves présente parfois des inconvénients, il constitue aussi de gros avantages pour les villes traversées. Les fleuves rendent de très nombreux services. Par la pêche, ils contribuent à l'alimentation de l'homme. Ils servent à l'arrosage des terres, au transport du bois par le flottage; ils font mouvoir des moulins et des usines. Enfin, ils servent au commerce : ce sont des chemins qui marchent et sur lesquels les bateaux peuvent transporter sans grands frais de grosses masses de marchandises.

Ces avantages expliquent que tant de villes soient bâties sur les rives des fleuves.

L'utilité des fleuves dépend au reste de leur pente et de leur régularité. On navigue moins facilement sur un fleuve rapide que sur un fleuve calme; les cours d'eau qui ont de longues périodes de basses eaux sont inutiles une partie de l'année.

75. 3ᵉ Lecture : Importance relative des fleuves français. — Le plus long fleuve français est la *Loire* qui a 1 000 kilomètres de longueur. Le plus large est la *Garonne*, qui, dans son cours inférieur, près de son embouchure, mesure 12 kilomètres de largeur; d'une rive, on aperçoit à peine l'autre rive.

Cette longueur et cette largeur ne sont pas, malgré tout, relativement très considérables, si on les compare à celles des plus grands fleuves de l'Europe et de la terre.

Le plus long fleuve d'Europe, la *Volga*, mesure 3 400 kilomètres. Le plus long fleuve de la terre entière, le *Nil*, qui coule en Afrique, n'a pas moins de 6 500 kilomètres (près de 7 fois la distance de Dunkerque à Perpignan).

Le fleuve le plus volumineux de la terre, le *Fleuve des Amazones*, dans l'Amérique du Sud, a, dans son cours inférieur, une largeur de plus de 120 kilomètres (soit la distance de Paris à Orléans).

Les fleuves français ne sont donc relativement que de petits fleuves. Ils n'en rendent pas moins, presque tous, de grands services.

Exercices.

Questionnaire. — 70-75. Rappeler les termes relatifs aux cours d'eau, les définir. — Combien y a-t-il de versants en France? Nommez-les. — Par où passe la ligne de partage des eaux? — Quels sont les quatre grands fleuves de France? — Citer les principaux fleuves secondaires, les principaux lacs.

Cartographie. — Dessiner la carte de France en indiquant la place des grands fleuves et des fleuves secondaires.

Devoir. — Dire quels inconvénients et quels avantages peuvent résulter pour une ville de la proximité d'un fleuve. — Quelle est l'importance relative des 4 grands fleuves de France? Les comparer aux grands fleuves des autres pays.

VERSANT DE LA MER DU NORD.

76. Vue générale. — Le versant de la mer du Nord ne comprend que les sources et les parties supérieures de trois cours d'eau : la *Moselle*, affluent du Rhin, la *Meuse* et l'*Escaut*, fleuves indépendants.

Avant la guerre de 1870-1871, qui nous a fait perdre l'Alsace et une partie de la Lorraine, le Rhin lui-même appartenait à la France par la rive gauche, sur 180 kilomètres de son cours moyen, depuis Bâle jusqu'au confluent de la Lauter.

77. Moselle. — La Moselle naît dans les Vosges méridionales et traverse le plateau lorrain. Elle y arrose Remiremont, Épinal, Toul. Sortie de France, elle arrose Metz, traverse la Prusse rhénane, province allemande, et va confluer dans le Rhin à Coblentz.

Son principal affluent est la *Meurthe*, affluent de droite, qui descend des Vosges et arrose Nancy.

78. Meuse. — La Meuse (950 kilom. de longueur dont 450 en France) naît dans le plateau de Langres et coule du Sud au Nord. Elle traverse le plateau des Ardennes, entre en Belgique et se termine en Hollande où ses embouchures se mêlent avec celles du Rhin.

La **Meuse** arrose en France Verdun, Sedan et Mézières; en Belgique, Namur et Liège.

Son principal affluent est un affluent de la rive gauche, la *Sambre*, qui naît en France, et conflue en Belgique.

79. Escaut. — L'Escaut (420 kilom. dont 107 en France) sort des collines de l'Artois, arrose la Flandre française, puis coule en Belgique et finit en Hollande. Il arrose, en France, Cambrai et Valenciennes; en Belgique, Gand et Anvers.

Ses principaux affluents sont : sur la rive gauche, la *Scarpe*, qui baigne Arras, et la *Lys*.

Exercices.

Questionnaire. — 76-79. Quels fleuves français appartiennent au versant de la mer du Nord? — Que savez-vous du cours de la Moselle? de la Meurthe? Citer les villes arrosées par ces rivières. — Parler du cours de la Meuse. Citer les villes qu'elle arrose. — Qu'est-ce que l'Escaut? Nommer ses affluents. Citer les villes arrosées.

Cartographie. — Tracer les cours de la Moselle, de la Meuse, de l'Escaut et de leurs affluents.

VERSANT DE LA MANCHE.

80. Vue générale. — Le versant de la Manche comprend un grand fleuve, la Seine, et trois petits, la *Somme*, l'*Orne* et la *Rance*.

81. Cours de la Seine. — La Seine (776 kilom.) prend sa source dans la Côte-d'Or, arrose les plaines du bassin Parisien et se jette dans la Manche, entre le Havre et Honfleur, par un estuaire large de 10 kilomètres.

La Seine est un fleuve doux et régulier.

Elle arrose Châtillon, Bar-sur-Seine, *Troyes*, Nogent-sur-Seine, Melun, Corbeil, *Paris*, Saint-Denis, Mantes, les Andelys, Elbeuf, *Rouen*, Honfleur et Le Havre.

82. Affluents de la Seine. — Les affluents de la Seine sont :

Sur la rive droite : l'*Aube*, issue du plateau de Langres; — la **Marne**, qui sort aussi du plateau de Langres, arrose Chaumont et Châlons-sur-Marne, et conflue près de Paris; — l'*Oise*, qui naît en Belgique, mais entre presque aussitôt en France, où elle reçoit l'*Aisne*, à Compiègne.

Sur la rive gauche : l'*Yonne* qui descend du Morvan, arrose Auxerre, et reçoit l'*Armançon*; — le *Loing*; — l'*Eure*, qui baigne Chartres et reçoit l'*Iton*, qui passe à Évreux.

83. Fleuves secondaires. — Ces fleuves sont : la **Somme**, rivière picarde, qui arrose St-Quentin, Amiens, et se termine par un large estuaire; — l'*Orne*, rivière normande, qui descend des collines du Perche et arrose Caen; — la *Rance*, rivière bretonne, qui se jette dans la mer près de Saint-Malo.

84. Description. — La Seine naît seulement à 500 mètres environ d'altitude, et

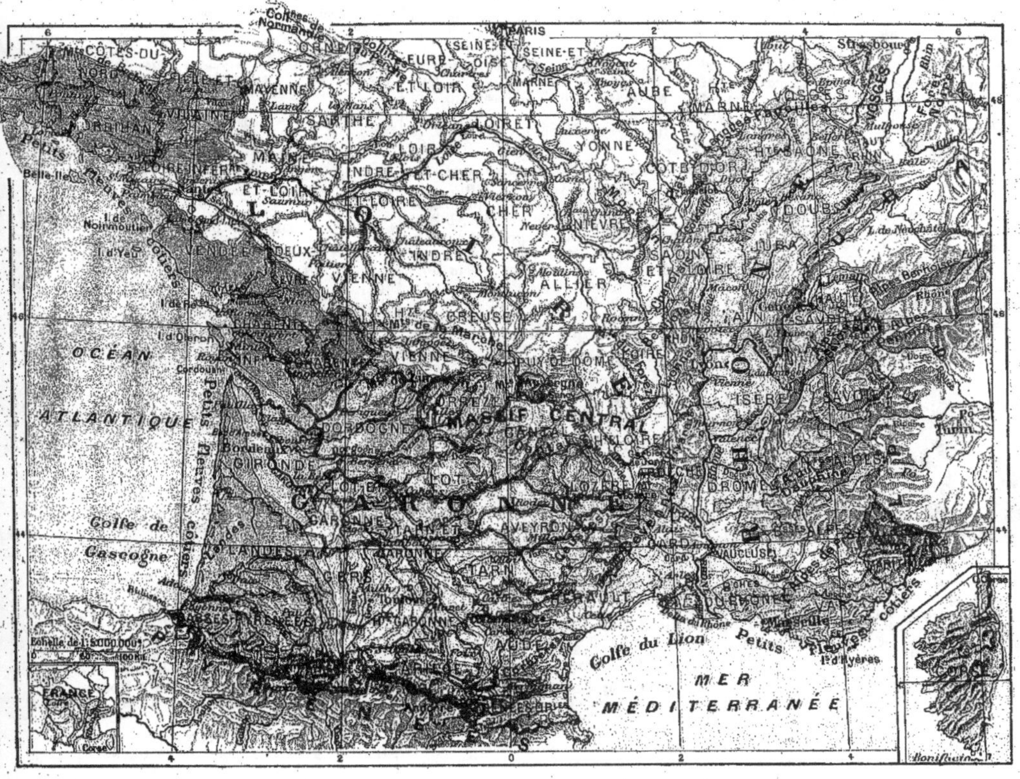

Versants de l'Atlantique et de la Méditerranée.

ne tarde pas à couler en plaine. Aussi est-elle calme et régulière ; rarement elle a de très fortes crues et son niveau n'est jamais très bas. C'est le plus égal et le plus tranquille de tous les grands fleuves français. Par suite, aucun ne sert plus à la navigation, aucun ne transporte autant de marchandises. Il est sillonné sans cesse par des trains de bateaux.

Tous les affluents de la Seine sont réguliers comme elle-même. Un seul fait exception, l'*Yonne*, qui est un véritable torrent sujet à des crues dangereuses ; l'Yonne sert surtout au transport par flottage des bois du Morvan.

Exercices.

Questionnaire. — 80-84. Quels fleuves comprend le versant de la Manche ? — Décrire le cours de la Seine en énumérant les villes arrosées. — Nommer ses affluents de la rive droite, de la rive gauche, avec les principales villes arrosées. — La Seine est-elle un fleuve régulier, utile ? — Parler de la Somme, de l'Orne, de la Rance.

Cartographie. — Tracer le cours de la Seine avec ses affluents et les villes arrosées. — Tracer

le versant de la Manche en indiquant les fleuves secondaires.

Devoir. — Descendre la Seine depuis sa source jusqu'à son embouchure en indiquant les départements traversés (voir la carte), les villes arrosées, le caractère de son cours.

VERSANT DE L'ATLANTIQUE

85. Vue générale. — Le versant de l'Atlantique comprend deux grands fleuves, la **Loire** et la **Garonne**, et six petits, l'*Aulne*, le *Blavet*, la *Vilaine*, la *Sèvre Niortaise*, la *Charente* et l'*Adour*.

86. Cours de la Loire. — La Loire (1 000 kilom.) naît dans le Massif central, au mont Gerbier-de-Jonc dans les Cévennes. Son cours supérieur, dirigé du sud au nord, est encaissé entre les Cévennes et les monts du Forez. La Loire coule ensuite au pied du Morvan. Puis elle prend la direction de l'ouest, et va se jeter dans l'océan Atlantique,

en Bretagne, par un large estuaire entre Paimbœuf et Saint-Nazaire.

La Loire est un fleuve rapide et inégal. Elle arrose Roanne, Nevers, Cosne, Gien, *Orléans*, Blois, *Tours*, Saumur, Ancenis, *Nantes*, Paimbœuf et *Saint-Nazaire*.

87. Affluents de la Loire. — Les affluents de la Loire sont :

Sur la rive droite : le *Furens*, rivière de Saint-Étienne ; — l'*Arroux*, la *Nièvre* ; — la **Maine** qui baigne Angers et est formée par la réunion de trois rivières d'importance presque égale, le *Loir*, la *Sarthe* qui arrose Alençon et le Mans, enfin la *Mayenne*, qui passe à Laval.

Sur la rive gauche : l'*Allier*, qui passe à Moulins et est presque aussi long et important que la Loire elle-même ; — le *Loiret*, tout petit cours d'eau ; — le **Cher**, qui se jette dans la Loire près de Tours; — l'*Indre*, qui baigne Châteauroux; — la **Vienne**, qui descend du plateau de Millevaches, arrose Limoges, et reçoit le *Clain*, rivière de Poitiers, et la *Creuse*; — enfin la *Sèvre Nantaise* qui conflue à Nantes.

88. Description. — La Loire prend sa source dans des montagnes hautes de 1 400 à 1 500 mètres, et elle a un tiers de son cours dans une région montagneuse; aussi est-elle plus rapide que la Seine.

Elle a surtout un niveau moins égal. Tous les étés, elle est presque tarie et l'on ne voit guère alors dans son lit que de vastes bancs de sable jaunâtre. Par contre, elle a parfois, surtout au printemps et en automne, des crues subites et terribles qui la font déborder sur ses vals qu'elle inonde et ravage, comme en 1846, 1856 et 1866.

La Loire en Touraine.

A cause de son courant, de ses sables et de son manque d'eau en été, la Loire ne sert pas à la navigation. On n'y voit de bateaux que dans la Basse-Loire, vers Nantes. Il est question depuis longtemps d'en améliorer le cours moyen ou de le doubler d'un canal latéral allant de Briare à Nantes, comme il en existe déjà un de Roanne à Briare, le long du cours supérieur.

Les grands affluents de la Loire, l'*Allier*, le *Cher*, la *Vienne*, sont, comme la Loire, sujets à de très fortes crues. Ils ne sont pas navigables. La *Maine* fait seule exception.

Exercices.

Questionnaire. — 85-88. Quels fleuves comprend le versant de l'Atlantique? — Décrire le cours de la Loire. — Quelles villes arrose-t-elle? — Quels sont ses affluents de droite? de gauche? — Citer les principales villes arrosées par ces affluents. — La Loire est-elle un cours d'eau calme, régulier, utile?

Cartographie. — Tracer le cours de la Loire et de ses principaux affluents.

Devoir. — Descendre la Loire depuis sa source jusqu'à son embouchure en indiquant les départements traversés (voir la carte), les villes arrosées, le caractère général du cours.

VERSANT DE L'ATLANTIQUE (Suite).

89. Cours de la Garonne. — La Garonne (720 kilom.) descend des Pyrénées. Elle prend sa source dans le Val d'Aran, en Espagne, entre bientôt en France, puis arrose toute la plaine du sud-ouest. Son cours inférieur, nommé *Gironde*, forme un estuaire large, par endroits, de 12 kilomètres et à l'entrée duquel se trouve l'île de Cordouan.

La Garonne est un fleuve rapide et inégal. Elle arrose Saint-Gaudens, Muret, *Toulouse*, Agen, Marmande, la Réole et *Bordeaux*.

La Gironde arrose Blaye, Pauillac et Royan.

90. Affluents de la Garonne. — Les affluents de la Garonne sont :

Sur la rive droite : l'*Ariège* qui arrose Foix; — le **Tarn**, qui arrose Albi et Montauban, et reçoit l'*Agout* et l'*Aveyron* qui baigne Rodez; — le *Lot*, qui passe à Mende et à Cahors; — la **Dordogne**, qui descend du Puy de Sancy, conflue au bec d'Ambès et reçoit la *Vézère*, grossie de la Corrèze, rivière de Tulle, ainsi que l'*Isle*, qui arrose Périgueux.

Sur la rive gauche : la *Save*; — le *Gers*, qui passe à Auch; — la *Baïse* : ces trois rivières descendent du plateau de Lannemezan.

91. Fleuves secondaires. — Les fleuves secondaires du versant de l'Atlantique sont :

Au nord de la Loire : l'*Aulne*, le *Blavet* et la **Vilaine**, qui passe à Rennes où elle reçoit l'Ille :

Entre la Loire et la Garonne : la *Sèvre Niortaise*, qui arrose Niort et reçoit la Vendée ; — la **Charente**, qui arrose Angoulême, Cognac, Saintes et Rochefort.

Au nord de la Garonne : l'*Adour*, qui arrose Tarbes et Bayonne et est grossi du Gave de Pau.

92. Description. — La Garonne est presque aussi rapide que la Loire. Mais, comme elle naît dans les Pyrénées centrales qui ont des neiges persistantes et des glaciers, elle conserve de l'eau pendant la majeure partie de l'année. Cependant, à l'exception de son cours inférieur, elle porte peu de bateaux, parce qu'elle est doublée d'un canal latéral, et que les bateaux empruntent de préférence le canal, où la navigation est plus régulière. La marée remonte dans la Garonne fort avant dans les terres, jusqu'en amont de Bordeaux.

Les affluents de la Garonne servent peu à la navigation. Toutefois la *Dordogne* est sensible à la marée dans son cours inférieur et les bateaux y remontent plus haut que Libourne.

93. La **Charente** descend des monts du Limousin et arrose les plaines de l'Angoumois et de la Saintonge. C'est une rivière très régulière et aux eaux très blanches.

L'Adour descend des Pyrénées, mais entre presque aussitôt en plaine. Son affluent, le *Gave de Pau*, qui prend sa source dans le Cirque de Gavarnie, où il tombe par une cascade de 400 mètres, et coule longtemps dans les montagnes, est un torrent bien plus fougueux.

Exercices.

Questionnaire. — 89-93. Décrire le cours de la Garonne. Pourquoi a-t-elle plus d'eau que la Loire en été? — Qu'appelle-t-on la Gironde? Villes arrosées par la Garonne? par la Gironde? — Nommer les affluents de la rive droite, de la rive gauche. Quelles villes arrosent-ils? — Citer les fleuves secondaires du versant de l'Atlantique. — Que savez-vous de la Charente? de l'Adour?

Cartographie. — Tracer le cours de la Garonne et de ses principaux affluents. — Tracer le versant de l'Atlantique, en indiquant les fleuves secondaires.

Devoir. — Descendre la Garonne depuis sa source jusqu'à son embouchure en indiquant les départements traversés (voir la carte), les villes arrosées, le caractère général du cours.

VERSANT DE LA MÉDITERRANÉE.

94. Vue générale. — Le versant de la Méditerranée comprend un grand fleuve, le Rhône, et cinq petits, la *Têt*, l'*Aude*, l'*Hérault*, le *Var*, le *Golo*.

95. Cours du Rhône. — Le Rhône (812 kilom.) naît en Suisse, dans le massif du Saint-Gothard (Alpes). Il traverse le lac de Genève, puis entre en France.

En France, le Rhône coule vers l'ouest jusqu'à Lyon. En aval de Lyon, il coule vers le sud dans une vallée encaissée entre les Cévennes et les Alpes.

En Provence, il se divise en deux bras, le *Grand-Rhône*, au sud-est, et le *Petit-Rhône*, au sud-ouest; ils enserrent le *delta de la Camargue*, en grande partie marécageux.

Le Rhône arrose *Lyon*, Vienne, Valence, Tournon, *Avignon*, Arles.

96. Affluents du Rhône. — Le Rhône reçoit en France :

Sur sa rive droite : l'*Ain*; — la **Saône**, qui arrose Mâcon et est grossie de l'Ouche, rivière de Dijon, et du Doubs, rivière de Besançon; — l'*Ardèche* et le *Gard*.

Sur sa rive gauche : l'Isère, qui arrose Grenoble; — la *Drôme*; — la **Durance**; ces trois rivières viennent des Alpes.

97. Fleuves secondaires. — Les principaux fleuves secondaires du versant méditerranéen sont :

A l'ouest du Rhône : la *Têt*, qui arrose Perpignan; — l'*Aude*, qui arrose Carcassonne; — l'*Hérault*;

A l'est du Rhône : le *Var*;

En Corse : le *Golo*.

Toutes ces rivières sont des torrents sans eau pendant les trois quarts de l'année.

98. Description. — Le Rhône, qui est alimenté par la fonte des vastes champs de neige et de glace des Alpes, est le fleuve de France qui a le plus d'eau; il en a toujours assez pour pouvoir porter bateau. Seulement il reste impétueux jusqu'en Provence; Michelet le compare à un *taureau furieux* qui bondit des Alpes à la mer. Les bateaux ne le descendent pas sans danger et le remontent avec peine. Il en résulte que ce fleuve, si bien placé pour le commerce puisqu'il forme une voie de communication naturelle entre la plaine parisienne et la Méditerranée, n'a qu'une importance médiocre.

Tous les affluents du Rhône sont des torrents, à l'exception de la *Saône*, qui descend des Faucilles à travers la plaine de Bourgogne. Son cours est lent, son débit égal. La

Le Rhône dans le Jura.

Saône est, après la Seine, la rivière de France la plus propre à la navigation.

Exercices.

Questionnaire. — 94-98. Quels fleuves comprend le versant français de la *Méditerranée* ? — Décrire le cours du Rhône avec les villes arrosées. — Quels sont ses affluents de droite ? de gauche ? — Parler de la Saône. — Quelle est l'importance du Rhône comme voie navigable ? — Citer les principaux fleuves secondaires de ce versant.

Cartographie. — Tracer le cours du Rhône et de ses principaux affluents. — Tracer le versant de la Méditerranée en indiquant les fleuves secondaires.

Devoirs. — Descendre le Rhône depuis le lac de Genève jusqu'à son embouchure en indiquant les départements traversés, ou baignés, les villes arrosées, l'aspect du cours.

Questionnaire récapitulatif. — *Sur quel cours d'eau se trouve la ville que vous habitez, ou quel est le cours d'eau important le plus voisin ? Où se jette ce cours d'eau ? Quelles villes rencontreriez-vous si vous le suiviez jusqu'à son embouchure ? jusqu'à sa source ?*

Devoir récapitulatif. — Comparer entre eux, pour les services qu'ils rendent, les quatre grands fleuves français.

CHAPITRE V

MERS

99. Mers. — La France est baignée par la mer sur un peu plus de la moitié de son pourtour.

Les mers qui baignent la France sont au nombre de quatre : la *mer du Nord*, la *Manche*, l'océan *Atlantique*, la *Méditerranée*.

100. Mer du Nord. — La mer du Nord baigne la France, au nord, sur une longueur de 70 kilomètres.

Elle est peu profonde, encombrée de bancs de sable le long de la côte, et sujette à de fortes tempêtes.

101. Pas de Calais. — A l'ouest, la mer du Nord communique avec la

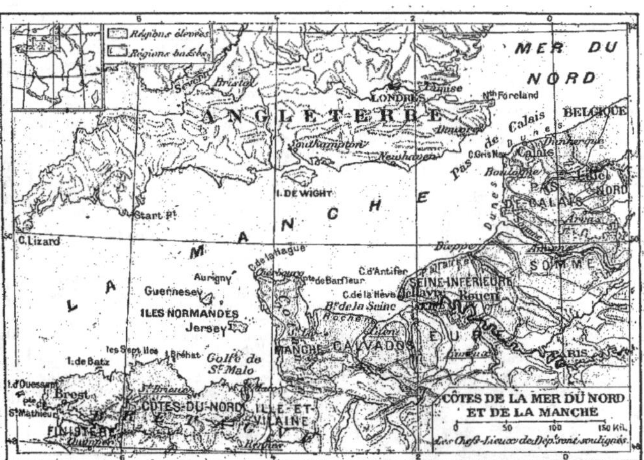

Côtes de la mer du Nord et de la Manche.

Manche par le **Pas de Calais**, détroit large de 31 kilomètres, qui sépare la France de l'Angleterre.

La traversée du Pas de Calais se fait en une heure sur les paquebots les plus rapides. Cette traversée étant souvent difficile, on parle depuis longtemps de creuser sous le Pas de Calais un tunnel où passerait une voie ferrée menant de France en Angleterre.

102. Manche. — La Manche baigne la France au nord-ouest, depuis le *cap Gris-Nez*, sur le Pas de Calais, jusqu'à la *pointe Saint-Mathieu*, à l'extrémité de la Bretagne.

C'est une sorte de couloir entre la France et l'Angleterre ; les Anglais l'appellent le *Canal*. Les marées y sont très fortes, la mer souvent houleuse.

A cause de sa situation, la Manche est, de toutes les mers du globe, celle qui voit passer le plus grand nombre de navires.

103. Océan Atlantique. — L'océan Atlantique baigne la France à l'ouest, depuis la *pointe Saint-Mathieu* jusqu'à *l'embouchure de la Bidassoa*, dans le golfe de Biscaye.

Il est presque toujours agité par les vents d'ouest, souvent couvert de nuages et soulevé par des tempêtes qui vont d'Amérique en Europe.

104. Méditerranée. — La Méditerranée baigne la France au sud-est, depuis le *cap Cerbère*, à l'extrémité orientale des Pyrénées, jusqu'aux *Alpes Maritimes*, près de Menton.

Ses eaux sont en général d'un bleu intense. Elle n'a que des marées insensibles, mais ses tempêtes sont aussi terribles que celles de l'Océan.

105. 1re Lecture : Les mers de la France. — Les trois quarts de la surface terrestre sont recouverts par les mers ou océans sur une épaisseur qui varie de quelques mètres à plus de 9000 mètres (9 635 mètres en Océanie).

En France, la mer du Nord et la Manche ont partout moins de 200 mètres de profondeur ; le Pas de Calais a 54 mètres au maximum ; l'Atlantique, qui a plus de 6000 mètres le long de l'Amérique, en a 2000 à 3000 au large des côtes de France. La Méditerranée a également plus de 2000 mètres de profondeur entre la Provence et la Corse.

L'eau des mers est salée ; on ne peut pas la boire. Elle est très transparente, et, vue en grande masse, présente une couleur variant du bleu intense au bleu clair ou au vert pâle. L'océan Atlantique, ainsi que la Manche et la mer du Nord, est le plus souvent vert foncé ; la Méditerranée est, au contraire, presque toujours d'un bleu intense.

106. 2e Lecture. Marées et tempêtes. — La plupart des mers sont soumises à l'action des *marées*. Deux fois par jour, au moment du flux, pendant six heures environ, la mer s'enfle et semble s'élancer à l'assaut du continent. Après le flux vient le reflux, qui dure également environ six heures ; la mer s'arrête, puis se retire. Les mers fermées ou presque fermées n'ont que des marées insensibles.

En France, la mer du Nord, la Manche et l'Atlantique ont de très fortes marées. Au moment du reflux, les flots se retirent souvent à perte de vue, laissant à découvert de vastes étendues de rochers, de sables ou d'herbes marines. Quand le flux commence, la mer revient avec force et rapidité vers le continent et recouvre herbes, sables et rochers. Dans la Manche, les marées élèvent parfois le niveau de la haute mer à plus de 10 mètres au-dessus de celui de la basse mer; alors, au moment du flux, la mer monte très vite. Dans la baie du Mont-Saint-Michel, elle s'avance avec la vitesse d'un cheval lancé au galop.

La Méditerranée, presque isolée des océans, n'a que des marées insensibles; les flots y expirent toujours sur le même point du rivage.

La mer n'est pas agitée seulement par le mouvement des marées. Elle est parfois bouleversée par des *tempêtes* qui la soulèvent en formant des rides énormes qu'on nomme *vagues*. Les vagues ont parfois 15 ou 20 mètres de hauteur.

Dans l'Atlantique, la Manche et la mer du Nord, les vagues sont souvent très hautes, longues et couronnées d'une crête d'écume. Dans la Méditerranée, elles sont plus courtes, mais séparées les unes des autres par des creux profonds.

Une côte rocheuse découpée : La côte bretonne.

107. 3ᵉ Lecture : Types de côtes. — Les côtes présentent des aspects divers suivant la nature du pays dont elles forment la bordure. Elles sont *basses* le long des plaines; *abruptes* au bord des plateaux et des montagnes. Tantôt la mer y accumule des cailloux, du sable ou de la vase; tantôt, au contraire, elle les use, les découpe en îles, en îlots, en écueils, et, rongeant les côtes, fait reculer la terre.

On peut distinguer trois principaux types de côtes :

1° Les côtes rocheuses et découpées, qui sont les plus favorables à la navigation, parce que les abris naturels y abondent; au fond de chaque anse, à l'embouchure de chaque rivière, il existe un havre de pêcheurs ou un port. Ces côtes sont par excel-

Une côte alluviale : Marais salants.

lence des pépinières de bons marins. Telles les côtes de Bretagne et de Provence.

2° Les côtes rocheuses non découpées, qui sont formées de grandes falaises rectilignes, au pied desquelles les navires ne trouvent

que de rares abris. Telles les côtes de la Normandie, à l'est de l'embouchure de la Seine.

3° Les côtes alluviales où les sables sont amoncelés en grandes dunes rectilignes, tandis que, sur d'autres points, s'étendent des marécages, des marais salants et des étangs. Ces côtes sont les moins favorables à la navigation. Tous les ports qu'on y trouve ont été créés entièrement, et au prix d'efforts considérables, par les hommes qui ont dû creuser de grands bassins dans les sables et construire de longues jetées de pierres afin de remplacer les murs naturels de rochers qui manquent. Les côtes marécageuses sont en outre très malsaines. Telles les côtes du Languedoc, à l'ouest du Rhône.

108. 4ᵉ Lecture : Les ports. — Les côtes rocheuses découpées sont les plus favorables à l'établissement de bons ports.

On nomme *ports* les endroits où les navires peuvent s'approcher de la terre pour y débarquer ou y embarquer des marchandises et des voyageurs. C'est là également qu'ils se réfugient, quand la mer est mauvaise, pour se mettre à l'abri des tempêtes.

La plupart des ports sont situés au fond d'un petit golfe ou sur une échancrure du rivage protégée par des promontoires de roches qui forment abri contre les tempêtes et brisent les vagues.

Beaucoup aussi sont établis sur l'estuaire d'un fleuve, grand ou petit. Un estuaire n'est, en effet, à proprement parler, qu'une sorte de golfe pénétrant très avant dans l'intérieur des terres et offrant plus de facilités pour débarquer les marchandises qu'apportent les navires de mer. Ces marchandises, après

Entrée du port de Boulogne.

avoir été débarquées, sont replacées sur des chalands, ou bateaux fluviaux, moins profonds et d'une autre forme que les bateaux de mer, et sont ensuite transportées par fleuves et canaux dans l'intérieur du continent. Par des bateaux semblables arrivent de l'intérieur les marchandises destinées à être expédiées dans les pays étrangers.

Ainsi s'explique que la plupart des grands ports soient situés à l'embouchure d'un fleuve important (le Havre et Rouen, sur la Seine; Saint-Nazaire et Nantes, sur la Loire; Bordeaux, sur la Garonne; Marseille n'est pas située sur un fleuve, mais elle se trouve non loin de l'embouchure du Rhône).

Exercices.

Questionnaire. — 99-108. Rappeler les termes relatifs aux mers et aux côtes, les définir. — Quelles sont les mers qui baignent la France? — Où la mer du Nord baigne-t-elle la France? — Qu'est-ce que le Pas de Calais? — Où la Manche baigne-t-elle la France? Quelle est sa largeur?

Est-ce une mer importante? — Où l'Atlantique baigne-t-il la France? — Où la Méditerranée baigne-t-elle la France? A-t-elle des marées? *Quelle est la mer la plus éloignée du lieu que vous habitez? la plus rapprochée?*

Devoirs. — Décrire une côte rocheuse découpée et une côte alluviale. — Montrer ce que c'est qu'un port et indiquer pour quelle raison beaucoup de grands ports sont établis à l'embouchure des principaux fleuves.

LITTORAL

109. Côtes de la France. — La France a 3 000 kilomètres de côtes. Ces côtes sont tour à tour formées de roches ou de sables, très découpées ou formant de grandes lignes droites, d'un accès plus ou moins facile pour les navires.

110. Côte de la mer du Nord. — La côte de la mer du Nord, qui baigne la basse plaine de Flandre, est plate, dirigée en ligne droite, bordée de dunes de sable.

Sur le Pas de Calais, la côte est terminée par de hautes falaises et le *cap Gris-Nez*, qui marquent l'extrémité des collines d'Artois.

Principaux ports : Dunkerque, Calais.

111. Côte de la Manche. — La côte de la Manche est : 1° plate au nord de l'embouchure de la Somme, le long de la plaine de Picardie; — 2° formée de falaises peu découpées et de plages de sable en Normandie (on y voit les rochers du Calvados); — 3° rocheuse et très découpée, le long du Cotentin et de la Bretagne.

On y trouve comme points remarquables :

Une presqu'île : le *Cotentin*, au centre;

Deux golfes principaux : la *baie de la Seine*, à l'est du Cotentin, et le *golfe de Saint-Malo*, à l'ouest du Cotentin;

Quatre caps principaux : le *cap d'Antifer* et le *cap de la Hève*, à l'est de la baie de la Seine; la *pointe de Barfleur* et le *cap de la Hague*, aux extrémités nord-est et nord-ouest du Cotentin;

Trois îles ou groupes d'îles : *Bréhat*, les *Sept-Iles* et *Batz*, toutes à l'ouest du Cotentin (sans parler des îles anglo-normandes, Aurigny, Guernesey, Jersey, qui appartiennent à l'Angleterre).

Principaux ports : Boulogne, Dieppe, le Havre, Cherbourg, Saint-Malo.

112. Côte de l'Atlantique. — La côte de l'Atlantique a la forme d'une grande courbe concave. On y distingue trois parties : 1° elle est rocheuse et très découpée au nord de l'embouchure de la Loire, en Bretagne; — 2° elle est peu découpée et bordée de marais salants, entre les estuaires de la Loire et de la Gironde; — 3° elle est toute droite et formée de dunes de sable le long des Landes, au sud de la Gironde, jusqu'aux abords des Pyrénées où elle redevient rocheuse.

On y trouve :

Six baies principales : la *rade de Brest*, ouverte sur le large par un étroit goulet; la *baie de Douarnenez* et le *golfe de Morbihan*, au nord de l'embouchure de la Loire; — la *baie de Bourgneuf*, au sud de l'embouchure de la Loire; — le *bassin d'Arcachon* et la *baie de Biscaye*, au sud de la Gironde;

Sept îles : *Ouessant, Groix* et *Belle-Ile*, au nord de l'embouchure de la Loire; — *Noirmoutier, Yeu, Ré* et *Oleron*, au sud de la Loire;

Une presqu'île : la *presqu'île de Quiberon*, au nord de la Loire;

Six caps : la *pointe du Raz* et la *pointe de Penmarc'h*, en Bretagne; — la *pointe du Croisic* et la *pointe de Saint-Gildas*, des deux côtés de l'embouchure de la Loire; — la *pointe de la Coubre* et la *pointe de Grave*, des deux côtés de l'estuaire de la Gironde.

Principaux ports : Brest, Lorient, Saint-Nazaire, la Rochelle, Rochefort et Bordeaux.

113. Côte de la Méditerranée. — La côte de la Méditerranée a la forme d'un S couché. Elle dessine deux courbes, l'une concave, le long de la plaine du Languedoc, à l'ouest du Rhône; l'autre convexe, le long des Alpes de Provence, à l'est du Rhône. A l'ouest du Rhône, la côte est marécageuse; à l'est du Rhône, elle est rocheuse et découpée.

On y trouve :

Trois baies : le *golfe du Lion*, aux rives marécageuses (étang de Thau), à l'ouest du Rhône; — l'*étang de Berre* et la *rade de Toulon*, à l'est du Rhône;

Deux groupes d'îles, sans compter la Corse : les *îles d'Hyères* et les *îles de Lérins*, à l'est du Rhône;

Une presqu'île, la *presqu'île de Giens*, à l'est du Rhône.

Principaux ports de la Méditerranée en France : Cette, Marseille, Toulon.

La **Corse** a des côtes très découpées au nord (cap Corse) et à l'ouest, alluviales et peu découpées à l'est.

114. LECTURE : Description des côtes françaises. — Les côtes françaises offrent à la navigation des facilités très différentes d'un point à l'autre :

1° **La côte de la mer du Nord** n'offre pas d'abris naturels aux navires parce qu'elle est toute droite, sans baies ni golfes, et parce que la mer y est peu profonde. Les ports qu'on y trouve sont des ports artificiels, creusés de main d'homme dans les sables.

2° Le **littoral de la Manche** est presque partout rocheux, mais à l'est, en Normandie, les falaises sont peu découpées, tandis qu'à l'ouest, en Bretagne, elles le sont beaucoup.

C'est pourquoi on trouve en Bretagne tant de ports naturels, grands et petits. C'est pourquoi aussi on y voit tant de marins et de pêcheurs : c'est en Bretagne que se recrutent la plupart des matelots de notre flotte.

3° Le **littoral de l'Atlantique** est très rocheux et découpé le long de la Bretagne; les flots s'y brisent avec fracas sur la côte qu'on appelle presque partout la *côte sauvage*. Nulle part en France, la mer n'est plus furieusement agitée. On trouve partout sur cette côte des noms sinistres, tels que : l'*enfer de Plogoff* et la *baie des Trépassés*. Un proverbe breton dit que « nul n'a passé la pointe du Raz sans peur ni malheur ».

4° Le **littoral au sud de la Loire** est plus favorable à la navigation. On y trouve surtout des marais qui sont utilisés pour l'exploitation du sel; on y engraisse aussi des huîtres (Marennes) et des moules.

5° La **côte des Landes** est toute droite et bordée de dunes de sable; le *bassin d'Arcachon* est le seul enfoncement qu'on y trouve. Les dunes, hautes de près de cent mètres, et dont le vent déplaçait sans cesse les sables, envahissaient peu à peu l'intérieur du pays quand, au commencement du XIXᵉ siècle, l'ingénieur Brémontier apprit à les fixer au moyen de plantations de pins maritimes, dont les racines consolident les sables.

6° La **côte française de la Méditerranée** présente deux aspects aussi différents que possible.

La moitié occidentale, ou *côte du Languedoc*, est formée de terrains d'alluvions, basse, marécageuse; elle n'a qu'un port artificiel, Cette. Les habitants sont viticulteurs; on n'y trouve pas de marins. La côte est, du reste,

Les côtes de l'Atlantique.

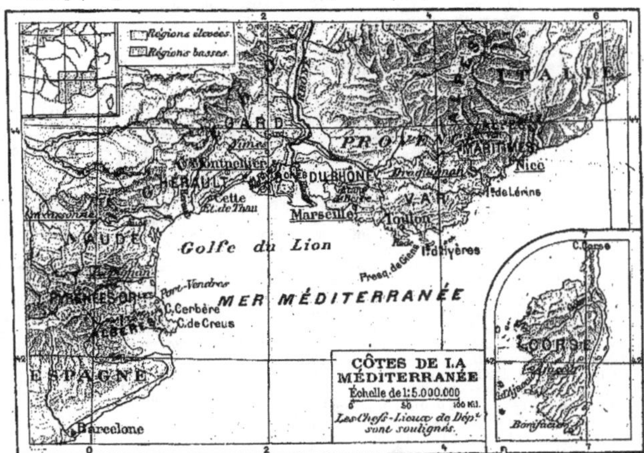

Les côtes de la Méditerranée.

presque déserte, parce qu'on fuit le voisinage des étangs malsains qui la bordent.

La moitié orientale, ou *côte de Provence*, est rocheuse, découpée. Elle a de nombreux ports. C'est, avec la côte bretonne, celle qui fournit le plus de marins et de pêcheurs.

Par suite de l'absence de marées, les ports de la Méditerranée sont situés sur la côte même, tandis que sur l'Océan beaucoup de ports se trouvent sur les estuaires des fleuves, plus ou moins avant dans l'intérieur des terres. (Voir carte, Relief du sol, p. 7, la situation de Rouen, de Nantes et de Bordeaux.)

Exercices.

Questionnaire. — 110. Décrire la côte de la mer du Nord, celle du Pas de Calais. — Citer les principaux ports.

111. Décrire la côte de la Manche. — Citer la principale presqu'île, les golfes, les caps, les îles, les ports.

112. Décrire la côte de l'Atlantique. — Citer les baies, les îles, la presqu'île principale, les caps, les ports. — Quel est l'aspect de cette côte en Bretagne? entre les estuaires de la Loire et de la Gironde? le long des Landes?

113. Décrire la côte de la Méditerranée. — Quel est l'aspect de cette côte en Languedoc? en Provence? — Citer les baies, les îles, la principale presqu'île, les ports. — Décrire le littoral de la Corse.

Cartographie. — Tracer la côte de la mer du Nord. — Dessiner la côte de la Manche en indiquant ses ports et ses principaux accidents. — Dessiner de même la côte de l'océan Atlantique, celle de la Méditerranée.

Devoirs. — Décrire la côte de la Bretagne, sur la Manche et sur l'océan Atlantique. — Décrire la côte française de la Méditerranée.

Allez de Dunkerque à Saint-Nazaire; décrivez les côtes que vous longez, et énumérez les principales baies, caps, presqu'îles, îles que vous apercevez. — Allez de même de Brest au fond du golfe de Biscaye, près des Pyrénées. — Allez de même de Cette à Toulon. (En racontant tous ces voyages, vous indiquerez les fleuves dont vous rencontrez les embouchures sur la côte; au récit écrit, vous joindrez une carte où seront marqués tous les points de la côte que vous aurez cités.)

CHAPITRE VI

CLIMAT

115. Caractère général. — La France a un climat essentiellement tempéré. Cela tient : 1° à ce qu'elle est située à distance à peu près égale entre le pôle nord et l'équateur; 2° à ce qu'elle est baignée sur la moitié de son pourtour par la mer, dont l'influence tend à modérer le climat.

La **température** y est rarement trop froide ou trop chaude. En un siècle, on ne compte guère que six ou sept hivers vraiment rigoureux, et six ou sept étés vraiment torrides.

Les **vents** les plus fréquents sont ceux du sud-ouest, de l'ouest et du nord-ouest, qui soufflent de l'Océan, et amènent des pluies qui adoucissent la température.

Les **pluies** sont assez fréquentes et tombent indistinctement en toute saison; elles sont en général peu abondantes. Les montagnes et les côtes sont, en France comme dans tous les pays,

les régions qui reçoivent la plus grande quantité de pluie.

116. Principaux climats secondaires. — On distingue en France sept grandes régions climatiques :

1° Trois régions de climat tempéré maritime : le *climat breton*, le plus humide et le plus tempéré; — le *climat girondin* (plaines de la Charente et du sud-ouest), encore humide, mais plus chaud que le précédent, la latitude étant plus méridionale; — le *climat parisien* (région de la Seine et de la Loire moyenne), doux, frais, assez humide.

2° Trois régions de climat continental : le *climat auvergnat* (Massif central), hivers rudes, vents violents, pluies abondantes, étés chauds; — le *climat vosgien* (Lorraine), hivers rudes et longs, étés chauds et orageux; — le *climat lyonnais* (plaine de la Saône,

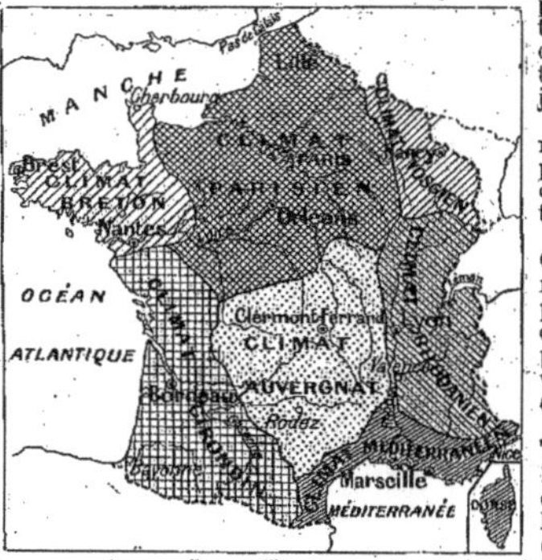

France. Climats.

Jura, Alpes), plus doux dans les plaines, plus dur sur les montagnes, mais partout inégal.

3° Le *climat méditerranéen* (littoral et vallée inférieure du Rhône), hivers tièdes, étés chauds et secs; pluies violentes, vent froid du mistral qui descend des Cévennes.

117. 1re Lecture : Climats continentaux et maritimes. — Le voisinage de la mer peut exercer une grande influence sur le climat d'un pays. Il y rend les pluies plus fréquentes, et contribue à atténuer le froid des hivers, la chaleur des étés.

Dans les *pays maritimes*, les hivers sont rarement rudes, à cause des brouillards qui couvrent souvent la terre et la préservent des grands refroidissements; par contre, les étés sont rarement brûlants parce que l'air est rafraîchi par les brises qui soufflent de la mer et par le voisinage des flots.

En France, l'exemple le plus remarquable de ce climat se trouve dans la Bretagne française, pays maritime par excellence, puisque la mer l'enveloppe de trois côtés. En Bretagne, les hivers sont si doux qu'on y rencontre fleuris, vers Noël, en pleine terre, des magnolias, des camélias, des lauriers, et autres

plantes qui craignent le grand froid et que, pour cette raison, on ne rencontre guère que dans les régions voisines de la Méditerranée. D'autre part, les étés bretons ne sont pas assez chauds pour mûrir les raisins. C'est pour cette raison qu'en Bretagne on ne boit pas de vin, mais du cidre.

Les *régions continentales* sont bien plus sèches; l'air y est souvent sans nuages. Mais, à cause de cette sécheresse et de cette limpidité, les hivers y sont longs et très froids, les étés y sont très chauds, brûlants. On passe brusquement de l'été à l'hiver et de l'hiver à l'été; le printemps et l'automne existent à peine.

118. 2e Lecture : Le climat français. — Dans son ensemble, la France jouit d'un climat maritime. Année moyenne, le thermomètre ne varie guère qu'entre 5 ou 6 degrés au-dessous de zéro et 25 à 30 au-dessus.

Dans les hivers que nous appelons rigoureux, le thermomètre descend rarement au-dessous de — 15 degrés, et presque toujours pour peu de temps. Dans les étés que nous trouvons très chauds, il ne monte guère au-dessus de + 35 degrés, et toujours exceptionnellement, pour un petit nombre de jours.

Pour se rendre exactement compte de la modération du climat français, il faut le comparer avec celui de quelques autres pays qui sont situés à peu près à la même distance de l'Équateur et du pôle.

Dans le *Turkestan russe*, à l'est de la mer Caspienne, en Asie Centrale, une expédition russe fut arrêtée, au cours de l'hiver de 1839, par un froid qui gelait le vin et même l'alcool qu'emportaient les soldats, tandis que, pendant l'été, le sable est si brûlant que les voyageurs, raconte l'un d'eux, y placent les œufs pour les faire cuire.

Dans le *Canada*, à Montréal (latit. de Tours), le fleuve Saint-Laurent reste gelé 120 jours en moyenne par an : que dirait-on en France d'un hiver qui gèlerait le Rhône, la Garonne, la Loire ou la Seine, pendant quatre mois consécutifs?

Exercices.

Questionnaire. — 115. Rappeler la définition de la latitude. — Pourquoi le climat de la France est-il tempéré? — Parler de la température de la France. — D'où viennent les vents qui soufflent le plus souvent en France? Sont-ce des vents humides ou secs? — Quelles sont les parties de la France qui reçoivent le plus de pluie?

116. Quels sont les principaux climats secondaires de la France? — Caractériser le climat breton, le climat girondin, le climat parisien, le climat auvergnat, le climat vosgien, le climat lyonnais, le climat méditerranéen.

117-118. Qu'est-ce qu'un climat continental? un climat maritime?

Le climat de votre pays est-il chaud ou froid? humide ou sec? — D'où viennent les nuages qui amènent ordinairement la pluie? — Les pluies d'hiver tombent-elles de la même manière que les pluies d'orage en été? — Lesquelles tombent avec le plus de force? — Sont-ce celles-là qui pénètrent le plus profondément dans le sol? — Jusqu'à quel mois les cultivateurs craignent-ils la gelée? — Quelle est l'action des gelées du printemps sur la végétation, vignes, arbres fruitiers, légumes?

Devoir. — Décrire le climat de la France et le comparer avec le climat de quelques régions continentales situées à peu près sous la même latitude.

France par provinces. — La division de la France par provinces, qui a duré jusqu'en 1790, était le résultat du régime féodal.

Entrées successivement dans l'ensemble de la France à partir du Moyen-Age, toutes ces provinces avaient cependant conservé des coutumes particulières, des lois différentes, et chacune d'elles constituait comme un petit pays dans le grand.

C'est pour effacer cette diversité et pour faire de la France un pays indivisible que les provinces furent remplacées par des départements.

LIVRE II

GÉOGRAPHIE HISTORIQUE, POLITIQUE ET ADMINISTRATIVE

CHAPITRE I

POPULATION DE LA FRANCE.

119. Dénombrement. — Le recensement de 1901 a dénombré en France 39 031 000 habitants, 72 en moyenne pour 1 kilomètre carré d'étendue.

La population française s'accroît annuellement de 60 000 habitants.

120. Répartition. — La population française n'est pas répartie également sur tout le territoire. Certaines régions sont très peuplées, d'autres le sont peu.

Parmi les régions très peuplées sont les régions minières et industrielles, ainsi que certaines côtes. On peut citer Paris et sa banlieue, la région minière industrielle du Nord, la région minière et industrielle de Lyon et de Saint-Étienne, la région de la Basse-Loire, la côte bretonne. On compte 7 660 habitants par kilomètre carré dans le département de la Seine, et 323 dans celui du Nord.

Parmi les régions les moins peuplées sont les pays de montagnes et quelques plaines infertiles ou malsaines : les Alpes, la région des Causses, la Sologne, les Landes. On ne compte que 16 habitants par kilomètre carré dans le département des Basses-Alpes.

France. Densité de la population.

121. Religions. — La liberté des cultes est absolue en France.

La grande majorité des Français professent le catholicisme. On compte 600 000 protestants (régions des Cévennes et du Jura), et 68 000 Juifs (dont 50 000 à Paris et aux environs).

122. 1re Lecture : Peuplement de la France. — La France a été habitée, dès une époque très reculée. Ce sont les premiers habitants qui ont élevé les dolmens et menhirs qu'on trouve en si grand nombre en Bretagne et dans le Massif central. (Voir grav., p. 36.)

Depuis lors, de nombreuses races d'hommes se sont établies successivement sur le sol français. Les principales sont : les *Celtes* et les *Gaulois*, venus longtemps avant notre ère;

les *Grecs*, établis sur le bord de la Méditerranée ; les *Romains*, qui conquièrent notre pays avec Jules César (50 a. av. J.-C.); enfin, les *Francs*, race d'origine germanique.

Le peuple français descend du mélange de ces peuples, principalement des Celtes et des Gaulois. Toutefois la langue et la civilisation viennent surtout des Romains.

123. 2e Lecture : La population française. — La France est, par le nombre de ses habitants, le cinquième pays d'Europe. Elle vient après la Russie qui a 103 millions d'habitants; l'empire d'Allemagne qui en a 56, l'Autriche-Hongrie 46, les Iles Britanniques 41. Elle vient avant l'Italie qui en a 32. (Voir grav., p. 48.)

De même, la France est loin d'être un des pays d'Europe les plus peuplés proportionnellement à leur étendue. La Belgique a 230 habitants par kilomètre carré d'étendue, la Hollande 160, les Iles Britanniques 129, l'Italie 114, l'Allemagne 103. Mais la France (72) vient bien avant la Russie qui n'a que 19 habitants par kilomètre carré d'étendue.

La France est malheureusement le pays d'Europe dont la population s'accroît le moins vite (60000 par an). La Russie gagne par an 1 500 000 habitants, l'Allemagne plus de 700 000, les Iles Britanniques 350 000.

Exercices.

Questionnaire. — 119-121. Combien la France a-t-elle d'habitants? Est-ce beaucoup? — De combien d'habitants s'accroît par an la population française? Est-ce beaucoup? — Combien la France a-t-elle d'habitants par kilomètre carré? Est-ce beaucoup? — Quelles sont les régions françaises les plus peuplées? les moins peuplées? — Quelles sont les religions professées en France?

122-123. La France est-elle habitée depuis longtemps? — Quels souvenirs nous reste-t-il des premiers habitants de la France? — Citer les races qui se sont successivement établies sur notre sol.

Quelle est la population de votre commune? La ville la plus peuplée de votre voisinage?

CHAPITRE II

ANCIENNES PROVINCES.

124. Provinces. — Avant la Révolution de 1789, la France était divisée en 33 gouvernements ou provinces.

125. Tableau des provinces. — Les 32 provinces anciennes étaient :

La **Flandre**, capitale *Lille*, conquise par Louis XIV, en 1668;

L'**Artois**, capitale *Arras*, acquis au traité des Pyrénées, en 1659;

La **Picardie**, capitale *Amiens*, réunie sous Louis XI, en 1477;

La **Normandie**, capitale *Rouen*, enlevée aux Anglais, en 1453;

L'**Ile-de-France**, capitale *Paris*, domaine du roi au xie siècle;

La **Champagne**, capitale *Troyes*, réunie sous Philippe III, en 1284;

La **Lorraine**, capitale *Nancy*, réunie sous Louis XV, en 1766;

L'**Alsace**, capitale *Strasbourg*, réunie aux traités de Westphalie, en 1648;

La **Franche-Comté**, capitale *Besançon*, réunie par Louis XIV, en 1678;

La **Bourgogne**, capitale *Dijon*, réunie sous Louis XI, en 1477;

Le **Lyonnais**, capitale *Lyon*, réuni sous Philippe le Bel, en 1307;

Le **Dauphiné**, capitale *Grenoble*, réuni sous Philippe VI, en 1349;

La **Provence**, capitale *Aix*, réunie sous Louis XI, en 1481;

La **Corse**, capitale *Ajaccio*, achetée aux Génois sous Louis XV, en 1768;

Le **Languedoc**, capitale *Toulouse*, réuni sous Philippe III, en 1272;

Le **Roussillon**, capitale *Perpignan*, acquis au traité des Pyrénées, en 1659;

Le **Comté de Foix**, capitale *Foix*, devenu français à l'avènement de Henri IV, en 1589;

Le **Béarn** et la **Navarre**, capitale *Pau*, réunis de même, en 1589;

La **Guyenne** et la **Gascogne**, enlevées aux Anglais, en 1453;

L'**Aunis** et la **Saintonge**, capitales *la Rochelle* et *Saintes*, conquis sous Charles V, en 1371;

L'**Angoumois**, capitale *Angoulême*, réuni sous François Ier, en 1515;

Le **Poitou**, capitale *Poitiers*, conquis sous Charles V, en 1369;

L'**Anjou**, capitale *Angers*, réuni sous Louis XI, en 1481;

La **Bretagne**, capitale *Rennes*, réunie sous François Ier, en 1532;

Le **Maine**, capitale *le Mans*, réuni sous Louis XI, en 1481;

La **Touraine**, capitale *Tours*, conquise par Philippe Auguste, en 1204;

Le **Berri**, capitale *Bourges*, acquis sous Philippe Ier, en 1101;

Le **Nivernais**, capitale *Nevers*, acquis sous Louis XIV, en 1665;

Le **Bourbonnais**, capitale *Moulins*, confisqué sous François Ier, en 1531;

L'**Auvergne**, capitale *Clermont*, confisquée sous François Ier, en 1531;

Le **Limousin**, capitale *Limoges*, réuni sous saint Louis, en 1250;

La **Marche**, capitale *Guéret*, confisquée sous François Ier, en 1531;

L'**Orléanais**, capitale *Orléans*, domaine du roi au xie siècle.

126. Lecture : Les anciennes provinces. — Les anciennes provinces étaient très inégales d'étendue et de population. En outre, leur organisation et leurs droits différaient beaucoup.

C'est à cause de ces inégalités que la Révolution les a supprimées. Mais le souvenir des anciennes provinces se retrouve à chaque instant dans le langage courant.

Exercices.

Questionnaire. — 124-125. Comment la France était-elle divisée avant 1789? — Combien comprenait-elle de provinces? — Citer les anciennes provinces baignées par la Manche, l'Atlantique, la Méditerranée, par la Seine, la Loire, la Garonne, le Rhône.

De quelle ancienne province faisait partie la ville que vous habitez? Quand a-t-elle été réunie au domaine royal?

Cartographie. — Faire la carte des anciennes provinces.

France par départements. — La division de la France par départements a été imaginée en 1790 pour fortifier l'unité française en effaçant les vieilles habitudes qui provenaient de l'ancienne division provinciale du pays.

Les départements ne furent plus, à partir de la Révolution, que des circonscriptions administratives, tandis que les provinces avaient eu jusque-là chacune son histoire.

CHAPITRE III

DÉPARTEMENTS

127. Divisions actuelles de la

France. — La France est depuis la Révolution de 1789, divisée en départements, subdivisés eux-mêmes en arrondissements, cantons et communes.

On compte actuellement 86 départements et le territoire de Belfort, 360 arrondissements, environ 2 900 cantons et 36 000 communes.

128. — TABLEAU DES DÉPARTEMENTS, CHEFS-LIEUX ET SOUS-PRÉFECTURES

ANCIENNES PROVINCES	DÉPARTEMENTS	CHEFS-LIEUX	SOUS-PRÉFECTURES
RÉGION DU NORD			
FLANDRE. . . . (1 dép.).	Nord	*Lille*	Dunkerque, Hazebrouck, Douai, Valenciennes, Cambrai, Avesnes.
ARTOIS . . . . (1 dép.).	Pas-de-Calais .	*Arras*	Saint-Omer, Boulogne, Béthune, Montreuil, Saint-Pol.
PICARDIE. . . (1 dép.).	Somme	*Amiens*	Doullens, Abbeville, Péronne, Montdidier.
NORMANDIE. . (5 dép.).	Seine-Inférieure	*Rouen*	Dieppe, Neufchâtel, Yvetot, le Havre.
	Calvados	*Caen*	Bayeux, Pont-l'Évêque, Lisieux, Falaise, Vire.
	Manche	*Saint-Lô*	Cherbourg, Valognes, Coutances, Avranches, Mortain.
	Orne	*Alençon*	Argentan, Domfront, Mortagne.
	Eure	*Évreux*	Pont-Audemer, les Andelys, Louviers, Bernay.
ILE-DE-FRANCE (5 dép.).	Seine-et-Oise . .	*Versailles*	Pontoise, Mantes, Rambouillet, Corbeil, Étampes.
	Seine	*Paris*	
	Seine-et-Marne .	*Melun*	Meaux, Coulommiers, Provins, Fontainebleau.
	Oise.	*Beauvais*	Compiègne, Clermont, Senlis.
	Aisne	*Laon*	Saint-Quentin, Vervins, Soissons, Château-Thierry.
RÉGION DE L'EST			
CHAMPAGNE. . (4 dép.).	Ardennes . . .	*Mézières*	Rocroy, Sedan, Rethel, Vouziers.
	Marne.	*Châlons-s-Marne* .	Reims, Sainte-Menehould, Épernay, Vitry-le-François.
	Aube	*Troyes*	Arcis-sur-Aube, Nogent-sur-Seine, Bar-sur-Aube, Bar-sur-Seine.
	Haute-Marne .	*Chaumont*	Vassy, Langres.
LORRAINE. . . (3 dép.).	Meuse.	*Bar-le-Duc*	Montmédy, Verdun, Commercy.
	Meurthe-et-Mos^{elle}	*Nancy*	Briey, Toul, Lunéville.
	Vosges.	*Épinal*	Neufchâteau, Mirecourt, Saint-Dié, Remiremont.
ALSACE . . . . (1 dép.).	Belfort	*Belfort*	
FRANCHE-COMTÉ (3 dép.).	Haute-Saône . .	*Vesoul*	Lure, Gray.
	Doubs	*Besançon*	Montbéliard, Baume-les-Dames, Pontarlier.
	Jura.	*Lons-le-Saunier*. .	Dôle, Poligny, Saint-Claude.
BOURGOGNE . (4 dép.).	Côte-d'Or. . . .	*Dijon*	Châtillon-sur-Seine, Semur, Beaune.
	Yonne.	*Auxerre*	Sens, Joigny, Tonnerre, Avallon.
	Saône-et-Loire .	*Mâcon*.	Autun, Chalon-sur-Saône, Louhans, Charolles.
	Ain	*Bourg*	Gex, Nantua, Trévoux, Belley.
RÉGION DU SUD-EST			
LYONNAIS. . . (2 dép.).	Loire	*Saint-Étienne* . .	Roanne, Montbrison.
	Rhône.	*Lyon*	Villefranche.
SAVOIE . . . . (2 dép.).	Haute-Savoie . .	*Annecy*	Thonon, Saint-Julien, Bonneville.
	Savoie	*Chambéry* . . .	Albertville, Moûtiers, Saint-Jean-de-Maurienne.
DAUPHINÉ. . . (3 dép.).	Isère	*Grenoble*	La Tour-du-Pin, Vienne, Saint-Marcellin.
	Drôme	*Valence*	Die, Montélimar, Nyons.
	Hautes-Alpes. .	*Gap*	Briançon, Embrun.
COMTAT-VENAISSIN (1 d.).	Vaucluse. . . .	*Avignon*	Orange, Carpentras, Apt.
COMTÉ DE NICE (1 dép.).	Alpes-Mariti^{mes} .	*Nice*	Puget-Théniers, Grasse.
CORSE . . . . (1 dép.).	Corse	*Ajaccio*	Bastia, Calvi, Corte, Sartène.
PROVENCE . . (3 dép.).	Basses-Alpes . .	*Digne*	Barcelonnette, Sisteron, Forcalquier, Castellane.
	Var	*Draguignan* . . .	Brignoles, Toulon.
	Bouches-du-Rhône	*Marseille*	Arles, Aix.

ANCIENNES PROVINCES	DÉPARTEMENTS	CHEFS-LIEUX	SOUS-PRÉFECTURES
	RÉGION DU SUD-EST (*Suite*)		
	Haute-Loire . . .	*Le Puy*	Brioude, Yssingeaux.
	Lozère	*Mende*	Marvéjols, Florac.
	Ardèche. . . .	*Privas*	Tournon, Largentière.
LANGUÉDOC. . (8 dép.).	Tarn	*Albi*	Gaillac, Lavaur, Castres.
	Gard	*Nîmes*	Alais, Uzès, le Vigan.
	Hérault. . . .	*Montpellier* . .	Lodève, Saint-Pons, Béziers.
	Aude	*Carcassonne* . .	Castelnaudary, Narbonne, Limoux.
	Haute-Garonne.	*Toulouse*	Muret, Villefranche-de-Lauraguais, Saint-Gaudens.
ROUSSILLON . (1 dép.).	Pyrén.-Orient^{les}	*Perpignan*	Prades, Céret.
	RÉGION DU SUD-OUEST		
COMTÉ DE FOIX (1 dép.).	Ariège	*Foix*	Pamiers, Saint-Girons.
BÉARN ET NAVARRE (1 d.).	Basses-Pyrénées	*Pau*	Orthez, Bayonne, Mauléon, Oloron.
	Htes-Pyrénées .	*Tarbes*	Bagnères-de-Bigorre, Argelès.
	Gers.	*Auch*	Condom, Lectoure, Lombez, Mirande.
	Landes	*Mont-de-Marsan* .	Saint-Sever, Dax.
GUYENNE ET GASCOGNE	Lot-et-Garonne.	*Agen*	Marmande, Villeneuve-sur-Lot, Nérac.
(9 dép.).	Tarn-et-Garonne	*Montauban* . .	Moissac, Castelsarrasin.
	Aveyron	*Rodez*	Espalion, Villefranche-de-Rouergue, Millau, Saint-Affrique.
	Lot	*Cahors*	Gourdon, Figeac.
	Dordogne. . . .	*Périgueux* . . .	Nontron, Ribérac, Sarlat, Bergerac.
	Gironde. . . .	*Bordeaux*	Lesparre, Blaye, Libourne, la Réole, Bazas.
	RÉGION DE L'OUEST		
AUNIS et SAINTONGE (1 d.).	Charente-Infre	*La Rochelle*. . . .	Saint-Jean-d'Angély, Rochefort, Marennes, Saintes, Jonzac.
ANGOUMOIS. . (1 dép.).	Charente . . .	*Angoulême*. . . .	Ruffec, Confolens, Cognac, Barbezieux.
	Vienne	*Poitiers*	Loudun, Châtellerault, Montmorillon, Civray.
POITOU. . . . (3 dép.).	Deux-Sèvres . .	*Niort*	Bressuire, Parthenay, Melle.
	Vendée.	*La Roche-sur-Yon*	Les Sables-d'Olonne, Fontenay-le-Comte.
ANJOU. . . . . (1 dép.).	Maine-et-Loire .	*Angers*	Segré, Baugé, Saumur, Cholet.
	Loire-Inférieure	*Nantes*.	Châteaubriant, Ancenis, Saint-Nazaire, Paimbœuf.
	Morbihan. . .	*Vannes*	Pontivy, Ploërmel, Lorient.
BRETAGNE . . (5 dép.).	Finistère . . .	*Quimper*.	Morlaix, Brest, Châteaulin, Quimperlé.
	Côtes-du-Nord..	*Saint-Brieuc*. . .	Lannion, Guingamp, Dinan, Loudéac.
	Ille-et-Vilaine..	*Rennes*	Saint-Malo, Fougères, Vitré, Montfort, Redon.
MAINE. . . . . (2 dép.).	Mayenne	*Laval*	Mayenne, Château-Gontier.
	Sarthe	*Le Mans*.	Mamers, Saint-Calais, la Flèche.
TOURAINE. . . (1 dép.).	Indre-et-Loire..	*Tours*	Chinon, Loches.
	RÉGION DU CENTRE		
MARCHE. . . . (1 dép.).	Creuse	*Guéret*.	Boussac, Aubusson, Bourganeuf.
LIMOUSIN. . . (2 dép.).	Haute-Vienne..	*Limoges*.	Bellac, Rochechouart, Saint-Yrieix.
	Corrèze.	*Tulle*	Ussel, Brive.
AUVERGNE . . (2 dép.).	Cantal.	*Aurillac*	Mauriac, Murat, Saint-Flour.
	Puy-de-Dôme. .	*Clermont-Ferrand*	Riom, Thiers, Ambert, Issoire.
BOURBONNAIS. (1 dép.).	Allier.	*Moulins*	Montluçon, Lapalisse, Gannat.
NIVERNAIS . . (1 dép.).	Nièvre.	*Nevers*	Clamecy, Cosne, Château-Chinon.
BERRI. . . . . (2 dép.).	Indre	*Châteauroux*. . .	Issoudun, le Blanc, la Châtre.
	Cher.	*Bourges*	Sancerre, Saint-Amand.
	Loiret.	*Orléans*	Pithiviers, Montargis, Gien.
ORLÉANAIS . . (3 dép.).	Loir-et-Cher . .	*Blois*	Vendôme, Romorantin.
	Eure-et-Loir . .	*Chartres*.	Dreux, Nogent-le-Rotrou, Châteaudun.

128 bis. Villes de plus de 100 000 habitants (recensement de 1901).

Paris	2 714 000 hab.	Bordeaux	256 000 hab.	Le Havre	130 000 hab.
Marseille	491 000 —	Lille	210 000 —	Rouen.	116 000 —
Lyon	459 000 —	Toulouse	149 000 —	Reims.	108 000 —
		Saint-Étienne	146 000 —	Nice.	105 000 —
		Roubaix.	142 000 —	Toulon	101 000 —
		Nantes	133 000 —		

CHAPITRE IV

FRANCE ADMINISTRATIVE

129. Gouvernement. — La France est une république. Elle est gouvernée par deux pouvoirs: un *pouvoir exécutif* et un *pouvoir législatif*.

Le pouvoir exécutif, chargé de faire appliquer les lois, appartient au *Président de la République*, qui est nommé par les sénateurs et les députés, et qui est assisté par les ministres.

Le pouvoir législatif, chargé d'établir les lois, appartient à deux Chambres, le *Sénat* et la *Chambre des députés*, dont les membres sont élus par le suffrage universel, les sénateurs par le suffrage universel à deux degrés, les députés par le suffrage universel direct.

130. Administration civile. — L'administration civile comprend :

Dans chaque département, un *préfet*, assisté d'un conseil de préfecture, et un *conseil général*, élu pour six ans au suffrage universel, à raison de un conseiller par canton;

Dans chaque arrondissement, un *sous-préfet* et un *conseil d'arrondissement*;

Dans chaque commune, un *conseil municipal*, présidé par un *maire* élu par le conseil dans son sein.

131. Organisation judiciaire. — L'organisation judiciaire comprend :

Dans chaque canton, un *juge de paix*;

Dans chaque arrondissement, un *tri-*

France judiciaire.

Cours d'appel: Agen, Aix, Alger, Amiens, Angers, Bastia, Besançon, Bordeaux, Bourges, Caen, Chambéry, Dijon, Douai, Grenoble, Limoges, Lyon, Montpellier, Nancy, Nîmes, Orléans, Pau, Poitiers, Rennes, Riom, Rouen, Toulouse.

bunal de première instance, qui juge les procès civils et les délits correctionnels;

Dans chaque département, une *cour d'assises*, qui se réunit à intervalles périodiques pour juger les crimes;

26 *cours d'appel*, pour reviser les jugements des tribunaux de première instance;

Enfin, une *cour de cassation*, siégeant à Paris et ayant pouvoir de casser les jugements pour vices de forme.

132. Instruction publique. — L'instruction publique comprend trois ordres d'enseignement : l'enseignement primaire, l'enseignement secondaire et l'enseignement supérieur.

La France universitaire est divisée en 16 universités, ayant chacune à sa tête un *recteur*. Sous les ordres du recteur sont placés un *inspecteur d'académie* par département, et des *inspecteurs de l'enseignement primaire*, au moins un par arrondissement.

133. Organisation religieuse. — Il y a, en France, trois cultes reconnus par l'État : le *culte catholique*, le *culte protestant* et le *culte israélite*.

La France catholique est divisée en 84 diocèses administrés par 17 archevêques et 67 évêques.

France par corps d'armée.

Corps d'armée : Lille, Amiens, Rouen, le Mans, Orléans, Châlons-sur-Marne, Besançon, Bourges, Tours, Rennes, Nantes, Limoges, Clermont, Grenoble, Marseille, Montpellier, Toulouse, Bordeaux, Alger, Nancy.

134. Organisation militaire. — Le service militaire est obligatoire. Tout Français doit le service militaire de 20 à 45 ans. Il sert dans l'armée de terre ou de mer.

L'*armée de terre* comprend, en temps de paix, 535 000 soldats et 26 000 officiers. Elle forme 20 régions militaires ou corps d'armée, y compris un corps dans l'Algérie-Tunisie.

L'*armée de mer* comprend 45 000 hommes. Les régions côtières sont divisées en cinq arrondissements maritimes, ayant pour chefs-lieux les cinq grands ports militaires, Cherbourg, Brest, Lorient, Rochefort, Toulon. La flotte française compte 470 navires d'importance diverse.

135. Défense des frontières. —

Au sud-ouest, au sud-est, à l'est, la France étant adossée aux Pyrénées, aux Alpes, au Jura, n'a que quelques places fortes, dont les principales sont : 1° au sud-ouest, *Bayonne* et *Perpignan*; 2° au sud-est, *Nice, Toulon, Briançon, Grenoble*; 3° à l'est, *Lyon* et *Besançon*.

Au nord-est, entre le Jura et la mer du Nord, la France n'a qu'une frontière

Frontière du Nord-Est.

artificielle qu'il a fallu protéger par des places fortes reliées entre elles par des forts. On a créé ainsi toute une frontière de terre, de pierres et de fer.

Les places fortes de première ligne sont *Belfort* et *Épinal*, *Toul* et *Verdun*, *Maubeuge*, *Lille*. Derrière ces places sont celles de *Besançon*, *Dijon*, *Langres*, *Reims*, *Laon* et *la Fère*. Enfin *Paris*, entouré de deux ceintures de forts, forme un immense camp retranché.

Exercices.

Questionnaire. — 129-134. Quel est le gouvernement de la France? Qui y possède le pouvoir exécutif? Par qui est nommé le Président de la République? Qui exerce le pouvoir législatif? Qui administre le département? l'arrondissement? la commune? — Par qui est rendue la justice dans chaque canton? Qu'est-ce qu'un tribunal de première instance? une cour d'assises? une cour d'appel? la cour de cassation? — Quels sont les divers ordres d'enseignement? Comment est organisée l'Université? — Quels sont les cultes reconnus par l'État? — Combien y a-t-il de corps d'armée en France? Quels sont les cinq arrondissements maritimes?

135. Quelles sont les frontières pourvues de défenses naturelles? — Quelles sont les grandes places fortes des Pyrénées? des Alpes? du Jura? — Quel est l'aspect de notre frontière du Nord-Est? Comment l'a-t-on défendue? Citer les grandes places fortes de première ligne, de seconde ligne. Paris est-il fortifié?

Quel département habitez-vous? Quel arrondissement? Quel canton? Quelle commune? — Où siège votre juge de paix? De quelle cour d'appel dépend votre département? De quel évêché? De quel corps d'armée?

Cartographie. — Faire la carte des frontières terrestres de la France avec l'indication des principales places fortes.

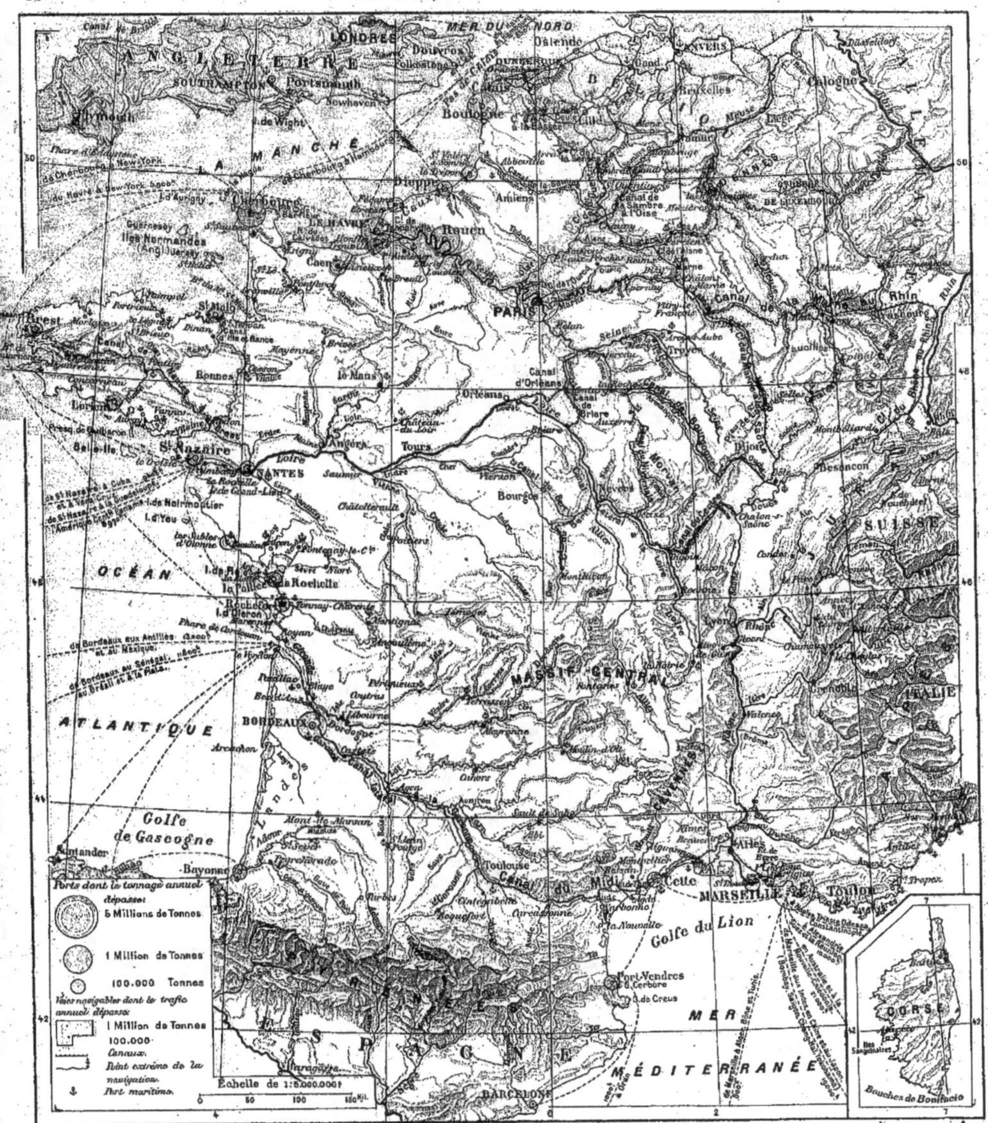

France, voies navigables. — Les voies navigables de la France sont de deux sortes : rivières et canaux. La partie inférieure des principales rivières reçoit la navigation maritime, la partie supérieure la navigation fluviale. Des canaux latéraux doublent les rivières trop peu profondes, des canaux de jonction unissent les diverses rivières entre elles.

La carte montre nettement combien la région du Nord est favorisée à ce point de vue, tandis que les bassins de la Loire et de la Garonne sont encore privés de communication, excepté par la mer.

LIVRE III

GÉOGRAPHIE ÉCONOMIQUE.

CHAPITRE I

VOIES DE COMMUNICATION.

136. Routes. — La France possède un réseau routier de 670 000 kilomètres : c'est le meilleur du monde.

Ces routes se classent en :

Routes nationales . . . 39 000 kilom.
— départementales. 19 000 —
Chemins vicinaux . . . 612 000 —

137. Voies navigables. — Il y a quatre sortes de voies navigables : les fleuves et rivières, les canaux latéraux, maritimes et de jonction.

1° Les principales rivières navigables de France sont : au nord, l'*Escaut*, la *Somme*, la *Seine* et ses principaux affluents à l'exception de l'*Yonne*; — au centre, la *Maine*, affluent de la Loire, et la *Charente*; — au sud, la *Basse-Garonne*; — à l'est, la *Saône*.

2° Les principaux canaux latéraux se trouvent le *long de la Haute-Seine*, en amont de Montereau; le *long de la Haute-Loire*, de Briare à Roanne; le *long de la Garonne*, de Castets, en amont de Bordeaux, à Toulouse.

3° Les principaux canaux maritimes sont le *Canal de Tancarville*, à l'estuaire de la Seine, et le *Canal de la Loire maritime*, de Nantes à Paimbeuf.

4° Les canaux de jonction se trouvent surtout dans le nord et le nord-est.

138. Principaux canaux de jonction. — Les principaux canaux de jonction sont :

Le *Canal de Saint-Quentin*, qui unit l'Oise à l'Escaut et les *Canaux du Nord* qui unissent aux ports de Dunkerque et de Calais les villes industrielles de la région du Nord;

Le **Canal de la Marne au Rhin**, qui unit la Marne au Rhin, par Nancy;

Le *Canal de l'Est*, qui unit la Meuse à la Moselle et à la Saône, par Nancy et les Faucilles;

Le **Canal de Bourgogne**, qui unit l'Yonne à la Saône, par le plateau de Langres et Dijon;

Le *Canal du Rhône au Rhin*, qui unit le Rhône au Rhin, par Belfort;

Le *Canal du Loing*, bifurqué en *canal d'Orléans* et canal *de Briare*, qui unit la Seine à la Loire;

Le *Canal du Nivernais*, qui unit l'Yonne à la Loire par le Morvan;

Le *Canal du Berri*, qui unit la Loire à l'Allier et au Cher;

Le **Canal du Centre**, qui unit la Loire à la Saône, entre le Morvan et les Cévennes septentrionales;

Le *Canal de Nantes à Brest* et le *Canal d'Ille-et-Rance*, en Bretagne;

Le **Canal des deux mers**, qui unit Toulouse sur la Garonne, à Cette sur la Méditerranée, par le seuil de Naurouze; il est prolongé, vers l'est, de Cette jusqu'au Rhône, par le *Canal des Étangs* et le *Canal de Beaucaire*.

139. 1re Lecture : Comment améliore-t-on les rivières ? — Peu de rivières sont bien navigables à l'état naturel.

Écluse.

Certaines rivières ont une pente trop forte qui en rend la descente périlleuse et la remonte difficile, parfois même presque impossible. On remédie à cet inconvénient par la construction, de distance en distance, de *barrages* en maçonnerie qui traversent le cours d'eau d'une rive à l'autre et le transforment en une sorte d'escalier. On passe d'un palier à l'autre au moyen des *écluses*.

D'autres rivières manquent de profondeur; on les a améliorées par la construction dans leur lit de murs parallèles aux rives, qui augmentent la profondeur des eaux en les obligeant à se concentrer dans un tiers ou une moitié de leur lit.

Canaux du Nord.

Les *canaux latéraux* ont été établis à côté des cours d'eau, qu'on ne pouvait pas réussir à améliorer par ces divers procédés.

Les *canaux maritimes* sont établis à l'estuaire même de certains fleuves pour faciliter l'entrée des navires.

Les *canaux de jonction* sont des canaux creusés pour relier deux bassins. On choisit, pour les faire passer, les points les moins élevés des lignes de partage des eaux.

140. 2e Lecture : Utilité des canaux. — Les canaux sont de grands fossés creusés de main d'homme, puis remplis d'eau. Ils sont formés de plusieurs *biefs*, ou paliers horizontaux, reliés par des écluses. Le courant y est donc nul.

La manœuvre des écluses est un peu longue et occasionne des pertes de temps. Néanmoins, comme il n'y a pas de courant sur les biefs, un petit cheval, un âne, ou même un homme, peut tirer, avec une corde, un bateau chargé et le faire avancer assez vite. En somme, on va plus vite sur un canal que sur une rivière. En outre, toujours par suite de l'absence de courant, on y traîne avec moins de peine de bien plus lourdes charges.

Les canaux modernes sont tous construits sur le même modèle, pour permettre à un bateau d'aller partout. La profondeur des canaux doit être de 2 m. 20; les écluses ont 38 m. 50 de longueur et 5 m. 75 de largeur. Les bateaux qu'elles peuvent recevoir portent 300 tonnes et plus de marchandises. Un wagon portant environ 5 tonnes de marchandises, la charge d'un bateau équivaut donc à celle de 60 wagons; elle dépasse celle d'un très long train de marchandises. Certains canaux étrangers reçoivent des bateaux beaucoup plus grands encore.

Un ou deux mariniers avec une bête de somme suffisent à conduire sur un canal un de ces bateaux. Aussi les transports par canaux sont-ils les plus économiques de tous. Les chemins de fer sont plus rapides, mais beaucoup plus coûteux.

141. 3e Lecture : Les canaux français. — La France possède 13 500 kilomètres de voies navigables diverses, dont 5 000 de canaux.

C'est trop peu. On souhaite en particulier l'établissement d'un canal *latéral à la Loire*, de Briare à Nantes, pour suppléer au fleuve qui n'est pas navigable, et la création d'un *canal de jonction entre la Loire et la Garonne par Poitiers*, à l'ouest du Massif central.

Les canaux de la région du Nord et de la Seine sont de beaucoup les plus actifs.

Exercices.

Questionnaire. — 136-141. Quelle longueur de routes a la France? — Citer les principales rivières navigables, les principaux canaux latéraux, les canaux maritimes, les canaux de jonction au nord et à l'est, dans le centre, à l'ouest, au midi.

Si vous habitez sur une voie navigable, dites par où vous pouvez vous rendre en bateau à Paris? à Marseille? à Bordeaux? à Nantes? au Havre? à Dunkerque?

Cartographie. — Dessiner le cours de la Loire; indiquer la partie de son cours où elle est côtoyée par un canal latéral. Marquer les canaux qui unissent la Loire aux fleuves voisins. — Même exercice pour les autres fleuves.

Devoirs. — Raconter comment on améliore une rivière. — Comment voyage-t-on sur un canal? — Aller par canaux et rivières de Nevers à Nancy, du Havre à Marseille, de Brest à Besançon, de Bordeaux à Lyon. (Texte et croquis.)

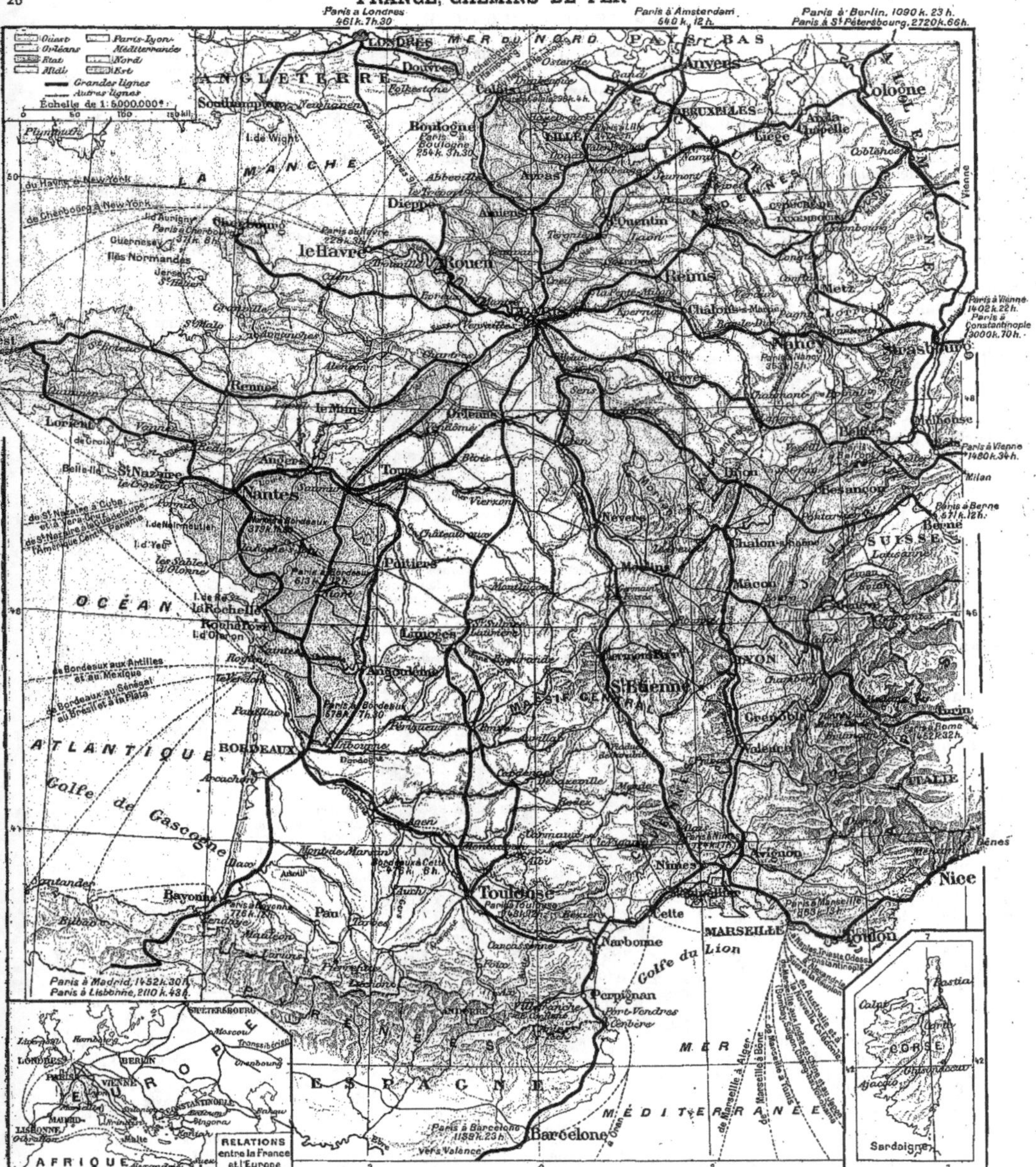

France, chemins de fer. — L'aspect du réseau des chemins de fer français suffit à montrer que la France est un pays *centralisé*, dont toutes les parties dépendent de la capitale.

Toutes les grandes lignes s'écartent de Paris comme les rayons d'une roue. Six des grandes Compagnies ont leur tête de ligne à Paris; seule, la Compagnie du Midi va de Bordeaux et de l'Océan à la Méditerranée.

CHAPITRE II

VOIES DE COMMUNICATION (Suite).

142. Chemins de fer. — Les chemins de fer ne datent que du XIXᵉ siècle. En France, le premier fut ouvert près de Saint-Étienne, en 1828. Aujourd'hui la France a des voies ferrées partout, sauf dans les montagnes; elle en possède 43 300 kilomètres.

Ces voies ferrées forment sept réseaux; six appartiennent à de grandes compagnies, *Nord, Est, Paris-Lyon-Méditerranée, Orléans, Midi, Ouest*; le septième est à l'*État*.

143. Réseau du Nord. — Il comprend trois lignes principales :

1º *Paris à Boulogne et Calais*, par Creil et Amiens; — c'est la grande ligne pour l'Angleterre;

2º *Paris à Lille*, par Creil et Arras;

3º *Paris à Maubeuge*, par Creil et Saint-Quentin; — c'est la grande ligne de Berlin et Saint-Pétersbourg.

144. Réseau de l'Est. — Trois grandes lignes :

1º *Paris à Longwy*, par Reims, Mézières;

2º *Paris à Strasbourg*, par Épernay, Châlons, Bar-le-Duc, Nancy, Avricourt; — c'est la grande ligne de Munich, Vienne et Constantinople;

3º *Paris à Belfort*, par Troyes, Chaumont, Vesoul; — c'est la ligne de Suisse.

145. Réseau Paris-Lyon-Méditerranée. — Deux lignes principales :

1º *Paris à Lyon et Marseille*, par Melun, Dijon, Mâcon, Lyon, Valence, Avignon; — embranchements de Dijon sur Pontarlier et la Suisse; de Mâcon sur Chambéry et Turin; de Marseille sur Toulon, Nice et Gênes;

2º *Paris à Nîmes*, par Melun, Nevers, Moulins et Clermont; prolongement de Nîmes sur Cette.

146. Réseau d'Orléans. — Trois grandes lignes :

1º *Paris à Toulouse*, par Orléans, Châteauroux, Limoges, Brive;

2º *Paris à Bordeaux*, par Orléans, Tours, Poitiers, Angoulême; — c'est la grande ligne de Madrid et Lisbonne;

3º *Paris à Nantes et Saint-Nazaire*, par Orléans, Tours, Angers, avec prolongement sur Vannes, Lorient, Quimper et Brest.

147. Réseau du Midi. — Deux grandes lignes :

1º *Bordeaux à Bayonne*, par Dax; — c'est la ligne de Madrid et Lisbonne;

2º *Bordeaux à Cette*, par Agen, Toulouse, Carcassonne et Béziers.

148. Réseau de l'Ouest. — Trois grandes lignes :

1º *Paris à Brest*, par Versailles, Chartres, le Mans, Laval, Rennes, Saint-Brieuc;

2º *Paris à Cherbourg*, par Évreux, Caen;

3º *Paris au Havre*, par Mantes et Rouen.

149. Réseau de l'État. — Deux grandes lignes :

1º *Paris à Bordeaux*, par Chartres, Saumur, Niort et Saintes;

2º *Nantes à Bordeaux*, par la Rochelle, Rochefort et Saintes.

150. 1ʳᵉ Lecture : Les voies ferrées françaises. — On distingue en France les *voies normales* qui mesurent 1 m. 44 d'écartement entre les rails, et les *voies étroites* qui ont seulement 1 mètre. Toutes les grandes lignes sont à voie normale, en sorte qu'un wagon peut circuler d'un bout à l'autre du pays.

Viaduc de Garabit.

Les grandes lignes ne sont pas toutes également importantes. L'importance d'une ligne dépend des ressources qu'offre la région qu'elle traverse, et aussi de sa situation sur une direction plus ou moins fréquentée.

Les lignes qui font le plus grand trafic sont celles de *Paris* au *Havre*, de *Paris* à *Calais*, de *Paris* à *Lille*, de *Paris* à *Maubeuge-Erquelines*, de *Paris* à *Bordeaux*, et de *Paris* à *Lyon* et à la *Méditerranée*. Ce sont les lignes qui desservent la région minière et industrielle du Nord, ou qui relient Paris avec la Manche et avec la Méditerranée.

Un tunnel sur un chemin de fer de montagne.

Le réseau est moins complet dans les montagnes que dans les plaines. Cela pour deux raisons : 1º dans les montagnes, l'établissement des chemins de fer coûte plus cher que dans les plaines, en raison du relief qui exige la construction de grandes tranchées en maçonnerie, de tunnels, de viaducs; 2º les montagnes ayant, en général, moins de ressources que les plaines, les lignes qu'on y construit rapportent moins. En un mot, dans les montagnes, les lignes coûtent plus cher à établir et donnent moins de profits.

151. 2ᵉ Lecture : Chemins de fer et voies navigables. — Les chemins de fer et les voies navigables sont également indispensables à un grand pays. Les uns et les autres ont des avantages particuliers qui leur assurent tour à tour la supériorité.

Les chemins de fer transportent les marchandises plus vite; mais les transports par voies d'eau sont plus économiques.

Loin de se faire concurrence, les voies d'eau et les chemins de fer se complètent. Les voies d'eau amènent les matières brutes; les chemins de fer remportent les objets fabriqués. La région du Nord est la région de France qui a le plus de canaux, et ce sont les plus actifs de toute la France; c'est en même temps celle qui a le plus grand nombre de voies ferrées prospères.

Recettes des Chemins de fer.

Exercices.

Questionnaire. 142. De quand datent les chemins de fer? Quelle est la longueur du réseau français? Nommer les sept grandes compagnies de chemins de fer.

143-149. Nommer les principales lignes du réseau du Nord, de l'Est, de Paris-Lyon-Méditerranée, de l'Orléans, du Midi, de l'Ouest, de l'État. — Quelle ligne prend-on généralement pour aller à Londres? à Berlin? à Saint-Pétersbourg? à Vienne et à Constantinople? en Italie? à Madrid?

Y a-t-il peu ou beaucoup de voies ferrées dans votre région? Pourquoi y en a-t-il peu ou beaucoup? — Comment iriez-vous en chemin de fer de chez vous à Paris, Lyon, Marseille, Bordeaux, Saint-Nazaire, le Havre, Lille? — A quel réseau appartient la ligne qui passe chez vous?

Cartographie. — Dessiner le réseau du Nord en indiquant les principales lignes et les principales villes desservies. — Même travail pour les autres réseaux.

Devoir. — Indiquer pour quelles raisons les chemins de fer et les voies navigables se complètent au lieu de se nuire. — Aller en chemin de fer de Paris à Nîmes : dire les pays traversés, les fleuves, les villes. — Aller de même de Bordeaux à Marseille (texte et croquis).

Devoirs récapitulatifs. — Aller de Lille à Cette, par chemin de fer jusqu'à Paris, et au delà par voies navigables intérieures. — Aller de Marseille à Nancy, par voie ferrée jusqu'à Lyon, puis par rivières et canaux.

CHAPITRE III

AGRICULTURE

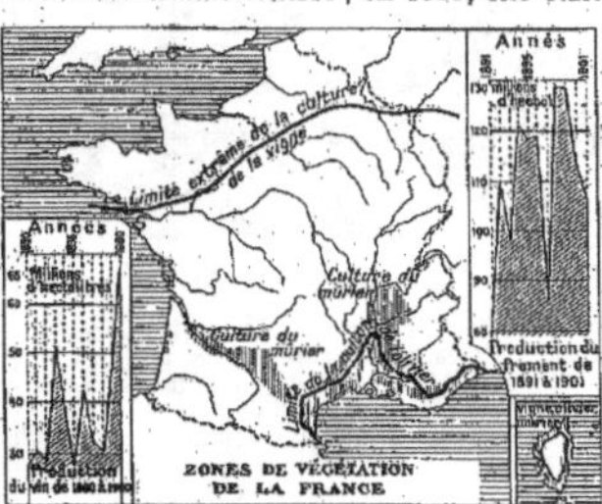

France agricole.

152. Zones de culture. — On distingue en France trois grandes zones de culture : la zone méditerranéenne, la zone moyenne, la zone du nord-ouest.

1° La **zone méditerranéenne**, qui est caractérisée par un climat chaud et des étés secs, a peu de forêts et de prairies. On y trouve l'oranger, l'olivier, le mûrier et la vigne.

2° La **zone moyenne**, qui est moins chaude et plus humide, a des forêts et des prairies, surtout sur les montagnes. Les principales cultures sont le maïs, le blé, la vigne.

3° La **zone du nord-ouest**, dont le climat est humide, renferme beaucoup de forêts et de prairies. La vigne n'y mûrit plus. On y cultive le blé, la betterave, le lin et le chanvre.

153. Richesses agricoles de la France. — Les richesses agricoles de la France comprennent les *cultures alimentaires*, la *vigne*, les *cultures industrielles*, l'*élevage*.

154. Cultures alimentaires. — Les principales cultures alimentaires sont celles du *blé* et de la *pomme de terre*.

1° Le **blé** est cultivé presque partout, mais surtout dans le nord (Flandre, Artois, Picardie), et autour de Paris (Beauce, Brie). La France produit environ 110 millions d'hectolitres de blé par an, à peu près ce qu'elle consomme.

2° La **pomme de terre** est cultivée presque partout, mais surtout dans l'est et le nord, en Bretagne et dans la Dordogne. Elle sert à l'alimentation de l'homme et du bétail, ainsi qu'aux industries de la féculerie et de la distillerie.

155. Vigne. — La vigne est une des grandes richesses agricoles de la France. La production annuelle atteint une moyenne de 60 millions d'hectolitres ; elle dépasse notablement celle de ses rivales, l'Italie et l'Espagne.

Les principales régions vinicoles de France sont : 1° le *groupe du Midi* (Gard, Hérault, Aude, Roussillon) ; — 2° le *groupe du Bordelais et de la Charente* ; — 3° le *groupe du Val de Loire* (Saumur, Tours, Orléans) ; — 4° le *groupe de Bourgogne* (Beaune, Nuits, vins de la Côte-d'Or) ; — 5° le *groupe de Champagne*.

156. Cultures industrielles. — Les principales cultures industrielles sont celles de la *betterave*, du *lin* et du *chanvre*.

1° La **betterave** est cultivée pour la fabrication du sucre. On la cultive surtout dans la région du nord (Flandre, Artois, Picardie, Ile-de-France).

2° Le **lin** et le **chanvre** sont cultivés dans la zone humide du nord-ouest (Flandre, Artois, Picardie, Normandie, Maine, Anjou, Bretagne).

157. Élevage. — L'élevage comprend l'élevage du gros bétail (chevaux, bœufs et vaches) et l'élevage du petit bétail (moutons).

L'**élevage du cheval** se fait surtout dans les régions de pâturages, sur les côtes de la Manche et sur les montagnes. On vante surtout les chevaux du Boulonnais (pays de Boulogne-sur-Mer), du Perche (en Normandie), de Bretagne et de Vendée, de Tarbes.

L'**élevage des bœufs et des vaches** se fait également dans les pays à climat humide, en Flandre, en Normandie et en Bretagne, dans le Morvan, le Charolais et l'Auvergne, dans le Jura et les Alpes.

L'**élevage du mouton**, animal sobre, se fait surtout dans les pâturages secs des champagnes (Poitou, Berri, Champagne, région des Causses).

158. 1ʳᵉ Lecture : Les forêts. — La plus grande partie de notre pays était jadis couverte de forêts. On en a défriché la plupart pour les remplacer par des cultures.

Aujourd'hui, les forêts couvrent encore la plupart des massifs montagneux, Vosges, Jura, Ardennes, Massif central, Alpes, Pyrénées. On reboise même beaucoup de montagnes dont on s'aperçoit qu'on avait eu tort d'abattre les arbres, qui protégeaient la terre des pentes contre l'entraînement des pluies d'orage. Mais, dans les plaines, les forêts sont devenues très rares. Les principales forêts des plaines sont celles de *Compiègne*, de *Fontainebleau*, d'*Orléans* et des *Landes*.

Dans toute la zone du nord-ouest, même là où les forêts ont été défrichées, la campagne est encore couverte de tant de haies, de broussailles et d'arbres, qu'elle présente souvent l'aspect d'un bocage.

159. 2° Lecture : Le vignoble français. — Les vignes constituent depuis longtemps une des principales richesses de la France. Il y a plusieurs siècles qu'on vante les vins de Bordeaux, de Bourgogne et de Champagne.

Vers 1880, le vignoble français parut menacé de ruine par plusieurs fléaux, notamment par les ravages d'un insecte, le *phylloxera*, qui détruisait les racines, et, par suite, tuait la plante. On craignit un moment la destruction totale des vignes. Mais on a appris, depuis lors, à combattre le fléau et le vignoble français est aujourd'hui reconstitué.

La production annuelle s'élevait, en 1875, à 80 millions d'hectolitres ; en 1889, elle était

Zones de végétation.

tombée à 22 millions ; elle s'est relevée à 67 millions en 1900, à 58 millions en 1901.

Au nord-ouest, le soleil n'est plus assez chaud pour mûrir le raisin. On remplace le vin par le cidre, en Bretagne, dans le Maine, en Normandie et en Picardie ; par la bière, dans le nord et le nord-est.

160. 3° Lecture : Produits secondaires de l'agriculture. — Outre les produits agricoles mentionnés plus haut, les agriculteurs français tirent du sol divers produits secondaires.

Comme plantes alimentaires, on peut citer : le *maïs*, qui est cultivé dans les plaines de la Saône et de la Garonne ; — l'*avoine*, qu'on cultive dans les mêmes pays que le blé ; — l'*orge*, le *seigle* et le *blé noir*, céréales des pays pauvres (Bretagne, Massif central).

Comme plantes industrielles, on peut citer : le *houblon*, qui sert à fabriquer la bière et qu'on cultive dans le nord et l'est, spécialement en Bourgogne ; — le *tabac*, dont la culture est limitée par l'État à 22 départements ; — le *colza*, qui donne une huile à brûler et qu'on délaisse depuis la vulgarisation du pétrole, du gaz d'éclairage et de l'électricité.

On peut citer encore : les *arbres fruitiers et fruits*, oliviers de Provence, prunes d'Agen et de Tours, pêches de Montreuil (près Paris), chasselas de Fontainebleau, abricots de Vaucluse et de Limagne, figues et cerises du Var, marrons de Lyon, du Poitou, du Mans ; — les *légumes et primeurs*, environs de Paris ; primeurs d'Angers et de Roscoff, en Bretagne ; choux et oignons de Niort ; — *fleurs* de Nice et d'Angers ; — *élevage du ver à soie*, dans toute la région du mûrier, au sud-est ; — *volailles*, poulardes du Mans, de la Bresse et de Normandie.

On peut citer enfin : les *fromages et beurres*, fromages de Brie (Coulommiers), de Normandie (Camembert, Pont-l'Évêque, Livarot), d'Auvergne (Mont-Doré), de Roquefort (dans les Causses), du Jura ; — beurres de Normandie (Isigny) et de Bretagne (Rennes).

161. 4° Lecture : Progrès modernes de l'agriculture française. — Depuis le milieu du xix⁰ siècle, l'agriculture française a fait de grands progrès. Ces progrès ont porté sur trois points :

1° **Accroissement des terrains cultivés.** : Plusieurs pays ont été conquis à la culture ou améliorés : les *Landes*, près de Bordeaux ;

Un pâturage en Normandie.

la *Dombes*, près de Lyon ; la *Sologne*, au sud d'Orléans ; la *Camargue*, à l'embouchure du Rhône. 2/5 des terres incultes, en 1840, ont été rendues productives.

2° **Amendement et transformation du sol** : On a appris à améliorer les sols pauvres et mauvais en leur mêlant des engrais appropriés ou d'autres terres. Ainsi les terres granitiques de *Bretagne* et du *Limousin*, qui étaient peu fertiles parce qu'elles manquaient de calcaires, ont été améliorées par des mélanges de chaux.

3° **Progrès de l'outillage agricole** : Autrefois, le laboureur n'avait que des machines primitives et grossières, de faibles charrues pour labourer, des fléaux pour battre le grain. Aujourd'hui, il emploie des machines à vapeur de toute sorte, qui sont bien plus puissantes que les anciennes machines à bras et facilitent beaucoup le travail.

Résultat de ces progrès : Le blé tend à remplacer partout l'orge, le seigle, le blé noir ; le pain blanc, assez rare jadis, est devenu d'un usage courant.

En même temps, la production a augmenté : le rendement moyen à l'hectare est passé de 8 à 9 hectolitres de blé à 14 ou 15 hectolitres ; il s'élève même à 30 hectolitres dans la région du Nord, où l'agriculture est remarquablement entendue.

Ces progrès, si beaux qu'ils soient, ne doivent pas nous empêcher de voir qu'en d'autres pays les rendements des cultures sont souvent plus élevés à proportion.

Exercices.

Questionnaire. — 152. Combien distingue-t-on de zones de culture? — Caractériser la zone méditerranéenne, la zone moyenne, la zone du nord-ouest?

153-155. Quelles sont les principales richesses agricoles de la France? — Quelles sont les principales cultures alimentaires? Où cultive-t-on le blé? la pomme de terre? La France produit-elle plus ou moins de blé qu'elle ne consomme? — Quelle quantité de vin produit la France? Est-ce beaucoup? Énumérer les cinq régions viticoles principales de France.

156-157. Quelles sont les principales cultures industrielles de la France? Où cultive-t-on la betterave? le lin et le chanvre? — Où élève-t-on surtout le cheval? Quelles sont les races de chevaux les plus renommées? Où élève-t-on les bœufs et les vaches? les moutons?

158-161. Où trouve-t-on surtout des forêts? Quel est l'insecte qui menace le vignoble français? — Citer les principales cultures alimentaires secondaires, les cultures industrielles secondaires. — Citer les pays renommés pour leurs arbres frui-

tiers et leurs fruits, pour la production des légumes et des primeurs, pour la culture des fleurs, pour l'élevage des vers à soie et des volailles, pour la production des fromages et du beurre. — Citer des pays jadis incultes qui ont été gagnés à la culture. Indiquer par quelques faits précis les résultats des progrès de l'agriculture française depuis un demi-siècle.

Quelles sont les principales cultures de votre région? — Dans quel pays de France pourriez-vous vous approvisionner de vin ? d'huile d'olive? de bœufs ?. de chevaux? de moutons?

Cartographie. — Dessiner la carte de France en indiquant les trois grandes zones de culture, et en marquant les principales régions d'élevage.

Devoir. — Parler du vignoble français, des dangers qu'il a courus, de sa production, des principales régions viticoles, de la place de la France parmi les autres pays producteurs de vin.

CHAPITRE IV

MINES ET CARRIÈRES

162. Industries extractives. — Les industries extractives sont celles qui extraient du sol les minéraux bruts utiles à l'industrie. Ces minéraux bruts sont les *matériaux de construction*, les *minerais divers* et la *houille*.

La France est riche en matériaux de construction, pauvre en minerais, médiocrement riche en houille.

163. Matériaux de construction. — Les principaux matériaux de construction que la France possède sont : les *granits* de Bretagne et du Cotentin ; les *ardoises* d'Angers et des Ardennes ; les *marbres* des Pyrénées ; la *lave* d'Auvergne ; les *pierres à bâtir* de Chantilly et de Château-Landon, près de Paris, du Poitou et de la Gironde.

164. Minerais. — La France ne possède en abondance qu'un minerai, le *fer*. On le trouve surtout en Lorraine, puis en Franche-Comté, en Bourgogne, en Bourbonnais, dans le Morvan.

165. Houille. — La France produit annuellement 32 millions de tonnes de

Coupe d'une mine de houille.

houille, 10 millions environ de moins qu'elle ne consomme.

Elle a quatre grands bassins houillers : 1° *bassin du Nord et du Pas-de-Calais*, Anzin, Aniche, Lens, de beaucoup le plus important ; — 2° *bassin de la Loire*, Saint-Étienne ; — 3° *bassin de*

Bourgogne et Nivernais, Montceau-les-Mines, Montchanin ; — 4° *bassin du Gard*, Alais, la Grand'Combe.

Elle a en outre plusieurs bassins secondaires dans le Massif central, à Commentry, Decazeville et Aubin.

166. 1ʳᵉ Lecture : Importance de la houille. — La houille est formée de débris végétaux remontant à une époque très ancienne. C'est le principal combustible minéral. On s'en sert actuellement pour chauffer la plupart des machines et transformer l'eau en vapeur. Elle a été justement surnommée « le pain de l'industrie ».

On la trouve dans la terre sous la forme de bancs plus ou moins épais qui sont situés à une profondeur variable, quelquefois presque à la surface, mais souvent aussi à plusieurs centaines de mètres au-dessous.

Avec sa production annuelle de 32 millions de tonnes, la France vient bien après les États-Unis (222 millions), les Iles Britanniques (212) et l'Allemagne (137).

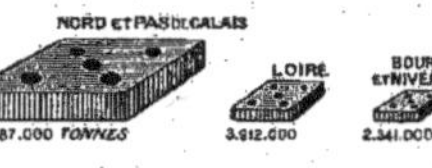

Production comparée des bassins houillers français.

167. 2ᵉ Lecture : Industries extractives secondaires. — On peut citer parmi elles l'extraction du sel et l'exploitation des eaux minérales.

1° Le **sel** s'extrait des mines de sel gemme qui sont situées à l'intérieur du sol. En 1870, la France a perdu ses salines les plus importantes qui étaient en Lorraine. Elle en possède encore dans le Jura (Salins, Lons-le-Saunier).

Le sel s'obtient en outre par l'évaporation de l'eau de mer dans les marais salants. Cette industrie est active sur les côtes de la Méditerranée (Hyères, Cette) et sur celles de l'Océan (Charente, Bretagne). Sur les côtes de la Manche, le climat trop humide contrarie l'établissement de marais salants.

2° Les **eaux minérales** sont des eaux naturelles qui acquièrent des propriétés médicinales parce qu'elles renferment des sels alcalins, sulfureux, ferrugineux, dont elles se sont chargées en traversant des couches de terrains qui en étaient imprégnées. Les principales sont :

Dans le Massif central : Vichy, Saint-Galmier, le Mont-Dore, la Bourboule et Royat ;

Dans les Pyrénées : Luchon, Cauterets, Bagnères-de-Bigorre ;

Dans les Alpes : Évian, Aix-les-Bains ;

En Corse : Orezza ;

Dans les Vosges : Plombières, Contrexéville.

Exercices.

Questionnaire. — 162-165. Qu'appelle-t-on industries extractives ? Comment peut-on résumer la valeur des ressources extractives de la France ? — Où trouve-t-on en France le granit? l'ardoise? le marbre ? la lave? la pierre à bâtir? — Quel minerai possède la France? Où le trouve-t-on? — Quelle est la production de la France en houille? Est-ce assez pour sa consommation? Quels sont les quatre grands bassins houillers français? Citez quelques bassins secondaires.

166-167. Qu'est-ce que la houille? Où la trouve-t-on? A quoi sert-elle? — D'où tire-t-on le sel? Où trouve-t-on les marais salants? — Comment se forment les eaux minérales? Citez les principales sources d'eaux minérales.

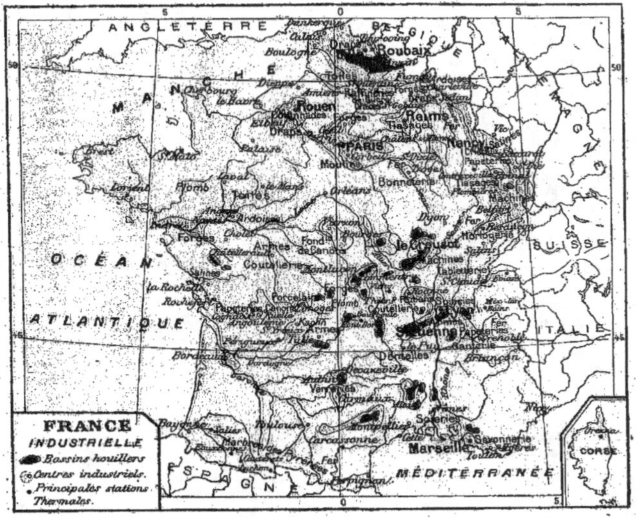

France industrielle.

Cartographie. — Dessiner la carte de France en indiquant les principales régions d'où l'on extrait du fer et de la houille.

Devoir. — La houille : dire de quoi elle est formée; où elle se trouve et comment on l'extrait; à quoi elle sert; quels sont les grands bassins houillers français; quelle est la production annuelle totale de la France et quelle est l'importance de cette production relativement à la consommation de la France et à la production de quelques autres pays.

CHAPITRE V

INDUSTRIE

168. La France industrielle. — La France est un des grands pays industriels du monde. Presque toutes ses industries sont dans le nord et l'est.

Ces industries forment trois groupes principaux : *industries alimentaires, industries textiles, industries mécaniques.*

169. Industries alimentaires. — Les principales industries alimentaires sont : la *meunerie*, qui transforme le blé en farine (Corbeil, Toulouse, Marseille); — la *raffinerie*, qui raffine le sucre de la betterave (Saint-Quentin et la région du Nord); — l'*industrie des conserves*, Nantes, Bordeaux, Paris; — la *distillerie*, ou fabrication des eaux-de-vie (Cognac, l'Armagnac); — la *brasserie*, ou fabrication de la bière (régions du nord et de l'est).

170. Industries textiles. — Les industries textiles ou de tissage sont celles qui travaillent la laine, le coton, la soie, le chanvre et le lin pour en faire des étoffes.

Les *lainages* sont fabriqués surtout dans le Nord, à Roubaix et Tourcoing; en Champagne, à Reims et Sedan; en Normandie, à Elbeuf, Louviers et Lisieux.

Les *cotonnades* sont fabriquées surtout dans le Nord, à Lille, Tourcoing, Amiens; en Normandie, à Rouen; dans les Vosges, à Épinal et Saint-Dié; dans la région lyonnaise, à Roanne.

Les *soieries* sont fabriquées surtout dans la région lyonnaise; Lyon a la spécialité des belles étoffes de soie et de velours; Saint-Étienne a celle des rubans. La France est le premier pays du monde pour l'industrie des soieries.

Les *toiles de chanvre et de lin* sont fabriquées surtout dans le Nord (dentelles de Valenciennes et de Calais, toiles de Cambrai), et dans l'ouest (toiles de Bretagne, du Maine et de l'Anjou).

171. Industries mécaniques. — Les industries mécaniques sont celles qui travaillent les métaux, en particulier celles qui construisent les machines des chemins de fer, des bateaux et des usines diverses.

La principale région métallurgique comprend la Champagne orientale, la Lorraine et la Franche-Comté, c'est-à-dire la région où l'on trouve surtout le minerai de fer. (Voir grav., Le Creusot, p. 33.)

On peut citer encore : dans le Nord, Lille et son faubourg de Fives, Maubeuge; dans le Centre, le Creusot et Montluçon; dans le Lyonnais, Saint-Étienne et Rive-de-Gier.

172. 1re Lecture : Industries secondaires. — Parmi les industries secondaires de la France, on peut citer :

Les *armes* : canons à Bourges, Ruelle (Charente), Tarbes; — *armes à feu*, Tulle, Saint-Étienne; — *armes blanches*, Châtellerault.

La *coutellerie* : Châtellerault, Thiers, Langres.

La *papeterie* : Angoulême, Épinal, Corbeil, Annonay, la région du Nord et le département de l'Isère.

La *fabrication des tapis* : les Gobelins, à Paris; Beauvais, Aubusson.

La *fabrication des glaces* : Saint-Gobain et Chauny, dans l'Aisne; Montluçon; Cirey et Baccarat, en Lorraine.

La *verrerie* : Anzin, Vierzon, Rive-de-Gier, Albi, Carmaux.

Les *porcelaines* et *faïences* : Sèvres, Limoges, Creil, Montereau, Gien, Vierzon, Nevers.

L'*horlogerie* : Besançon.

La *bijouterie* et l'*orfèvrerie* : Paris.

173. 2e Lecture : Régions industrielles de la France. — La France possède sept grandes régions industrielles :

1° **Région du Nord** : cultures industrielles, relations avec le dehors par Dunkerque, houille d'Anzin et de Lens, très nombreux chemins de fer et canaux. Toutes les variétés d'industries : *raffineries* (Saint-Quentin), *tissages divers* (Roubaix, Tourcoing, Lille, Amiens), *machines* (Fives-Lille), *glaces* (Saint-Gobain).

2° **Région de la Basse-Seine** : houille, laines et coton arrivant par le Havre et Rouen. *Industries textiles*, lainages (Elbeuf, Louviers, Lisieux), cotonnades (Rouen).

3° **Région Parisienne** : desservie par les voies navigables et ferrées qui rayonnent autour de la capitale. *Industries diverses* dans la banlieue de Paris (forges d'Ivry, usines de produits chimiques, machines à Saint-Denis, moulins de Corbeil).

4° **Région de l'Est** : minerais de fer abondants; la houille arrive par les chemins de fer et les canaux nombreux. *Industrie métallurgique* (Saint-Dizier, Nancy et sa banlieue, Montbéliard); *industries textiles* (draps de Sedan et de Reims, cotonnades des Vosges); *cristallerie* (Baccarat, Cirey); *brasserie* (Nancy); *horlogerie* (Besançon).

5° **Région du Centre** : houilles de Montceau, minerais de fer, nombreux canaux. *Industrie métallurgique* (Le Creusot, Vierzon, Bourges).

6° **Région Lyonnaise** : houilles de Saint-Étienne, élevage du ver à soie. *Industrie textile* (soieries de Lyon et de Saint-Étienne, cotonnades de Roanne); *armes* (Saint-Étienne); *métallurgie* (Saint-Étienne, Rive-de-Gier).

7° **Région du Sud-Est** : houilles d'Alais et de Decazeville; moutons des Causses. *Verreries* (Carmaux, Albi); *lainages* du Languedoc (Lodève, Mazamet); *machines* (Alais).

Exercices.

Questionnaire. — 168. Quelles sont les régions les plus industrielles de la France? Comment classe-t-on les industries?

169-171. Qu'entend-on par industries alimentaires? Citer les principales villes connues pour la meunerie? pour la raffinerie? pour l'industrie des conserves? pour la distillerie? la brasserie? — Qu'entend-on par industries textiles? Où travaille-t-on principalement la laine? le coton? la soie? le chanvre et le lin? — Qu'appelle-t-on industries mécaniques? Quelle est la principale région métallurgique de la France? Citer quelques centres secondaires.

172. Où fabrique-t-on les armes? la coutellerie? la papeterie? les tapis? les glaces? la verrerie? les porcelaines? l'horlogerie? la bijouterie?

173. Citer les sept grandes régions industrielles de la France en indiquant les caractères particuliers de chacune d'elles.

Citer les principaux centres industriels, en indiquant leurs produits, du département du Nord? de Meurthe-et-Moselle? de Saône-et-Loire? du Rhône? de la Loire? du Tarn? de Seine-Inférieure?

Quelle est la principale industrie de votre région? — D'où y fait-on venir la houille?

Cartographie. — Tracer la carte de France en indiquant 30 villes industrielles avec leur genre d'industrie.

Devoir. — Montrer comment, dans la région du Nord, tout concorde pour favoriser un grand développement industriel.

CHAPITRE VI

COMMERCE.

174. Le commerce extérieur de la France. — Le commerce extérieur de la France s'élève à 9 milliards de francs, dont 5 milliards pour l'importation et 4 milliards pour l'exportation.

La France achète plus à l'étranger qu'elle ne lui vend.

Commerce extérieur de la France.

175. Importation. — La France importe, ou achète, quelques substances alimentaires et des matières nécessaires à l'industrie.

1° Les substances alimentaires qu'elle importe sont les *céréales*, dans les années de mauvaise récolte; des *denrées coloniales*, comme le café et le sucre de canne; des *animaux* et des *viandes*.

2° Les matières nécessaires à l'industrie qu'elle importe sont la *houille*, le *cuivre*, des *laines*, de la *soie*, du *coton*, du *lin*, des *bois*.

Notre principal vendeur est l'Angleterre, à qui nous achetons pour un demi-milliard environ de produits.

176. Exportation. — La France exporte, ou vend, des substances alimentaires et des objets fabriqués.

1° Les substances alimentaires qu'elle vend sont des *vins*, des *beurres* et *fromages*, des *liqueurs*;

2° Les objets fabriqués sont des *tissus de laine*, de soie et de coton; des *machines*, mais relativement peu; beaucoup de *confections*, nouveautés, articles de Paris, bijouterie.

Notre principal acheteur est l'Angleterre, qui nous achète chaque année pour plus d'un milliard de francs de produits, environ deux fois plus qu'elle ne nous vend.

177. Grands ports. — Les deux tiers du commerce extérieur de la France se font par la voie de mer qui est la plus économique.

La France a quatre grands ports principaux : *Marseille*, centre des relations avec la Méditerranée, le Levant, l'Afrique orientale, l'Inde et l'Extrême-Orient, l'Océanie; *le Havre*, centre des relations avec l'Amérique du Nord; *Dunkerque*, port d'approvisionnement et débouché de la région française du nord; *Bordeaux*, débouché de la plaine du sud-ouest.

Viennent ensuite, comme ports secondaires importants : *Cette*, dont le commerce consiste surtout en exportation de vins; *Rouen*; *Saint-Nazaire*, centre des relations avec l'Amérique centrale; *Boulogne, Calais, Dieppe*, ports de passage pour l'Angleterre; *la Pallice*, le nouveau port de la Rochelle.

178. 1re Lecture : L'importation et l'exportation. — Le commerce extérieur de tout pays comprend deux parties :

Port de Marseille.

1° Aucun pays, à moins d'être dans un état social primitif, ne produit toutes les denrées, matières premières et objets dont il a besoin. Il doit faire venir du dehors ce qui lui manque. De là un premier courant commercial, courant d'achat, qu'on nomme *importation*.

2° Aucun pays ne consomme tout ce qu'il produit. Il doit écouler au dehors le surplus de sa production. De là un second courant commercial, courant de vente, qu'on nomme *exportation*.

L'exportation et l'importation n'expriment pas toute l'activité commerciale d'un pays, sans quoi ceux qui, comme la France, achètent plus qu'ils ne vendent, seraient bientôt ruinés. D'autres ressources compensent la différence : par exemple, les droits d'entrée, l'argent dépensé par les étrangers dans le pays.

179. 2e Lecture. Le commerce français. — D'une manière générale, les pays très civilisés, où l'industrie est florissante, vendent surtout des objets fabriqués, tissus, étoffes, machines, qu'ils produisent en bien plus grandes quantités qu'ils n'ont besoin pour eux-mêmes. Leur commerce d'exportation consiste surtout en objets fabriqués. Leur commerce d'importation consiste surtout en matières brutes (minerais, laine, coton, bourre de soie) qu'ils font venir d'ailleurs pour les travailler et les revendre sous forme d'objets fabriqués.

C'est le cas de la France qui est un des grands pays industriels du monde.

Ses importations lui viennent : les *céréales* des États-Unis et de Russie ; les *denrées coloniales*, comme le café, le thé et le sucre de canne, des pays chauds; les *animaux* et les *viandes* d'Angleterre, des États-Unis et de la République Argentine; les *houilles* d'Angleterre et de Belgique; le *cuivre* du Chili; la *laine* de la République Argentine et de l'Australie; la *soie* d'Italie et d'Extrême-

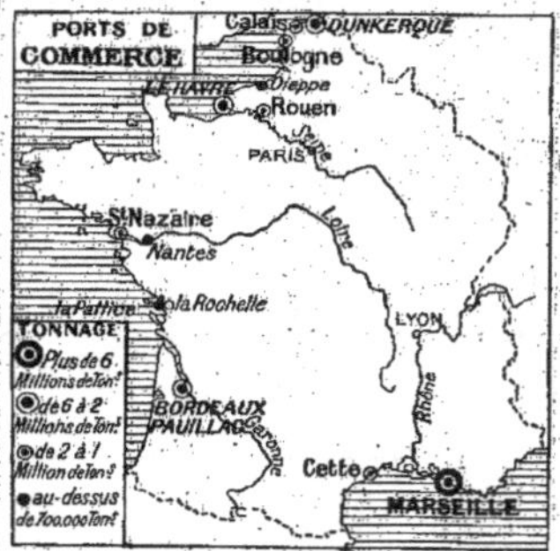

Ports de commerce.

Orient; le *coton* des États-Unis; le *lin* de Russie; les *bois* de la Norvège et des pays du Nord.

Ses exportations vont : les *vins* et les *liqueurs*, surtout en Angleterre; les *tissus* dans les pays moins bien outillés qu'elle, notamment dans les colonies et les autres parties du monde; les *confections* et *nouveautés* dans tous les pays civilisés dont les classes riches sont, sans exception, tributaires du goût et des modes de la France.

Exercices.

Questionnaire. — 174-177. Quelle est l'importance du commerce extérieur total de la France? de l'importation? de l'exportation? — Quels sont les principaux produits que la France importe? Quels sont ceux qu'elle exporte? Quel est le principal client de la France? L'Angleterre nous achète-t-elle plus qu'elle ne nous vend? — Quels sont les quatre grands ports de la France? Citez les ports secondaires principaux.

D'où vient le café que vous consommez? la laine et le coton dont sont faits vos vêtements? — D'où la France fait-elle venir du blé dans les années de mauvaise récolte? — Où expédie-t-elle surtout ses vins?

Cartographie. — Tracer la carte de France en indiquant les ports et les pays avec lesquels chacun d'eux est principalement en relations?

Devoirs récapitulatifs. — Montrer par quelles voies ferrées peuvent arriver à Paris les cotons d'Amérique une fois débarqués au Havre? les denrées coloniales qui sont débarquées à Saint-Nazaire? les produits de la Chine et de l'Extrême-Orient? — Comment les mêmes produits peuvent-ils arriver du Havre et de Marseille à Lyon par voies ferrées?

Si, au lieu des voies ferrées, on se sert des voies fluviales, quelles sont celles qui sont utilisées pour aller du Havre, de Saint-Nazaire et de Marseille à Paris? de Saint-Nazaire à Lyon?

LIVRE IV. RÉCAPITULATION. — LES RÉGIONS NATURELLES DE LA FRANCE.

180. Régions naturelles de la France. — On peut distinguer en France 14 grandes régions naturelles,

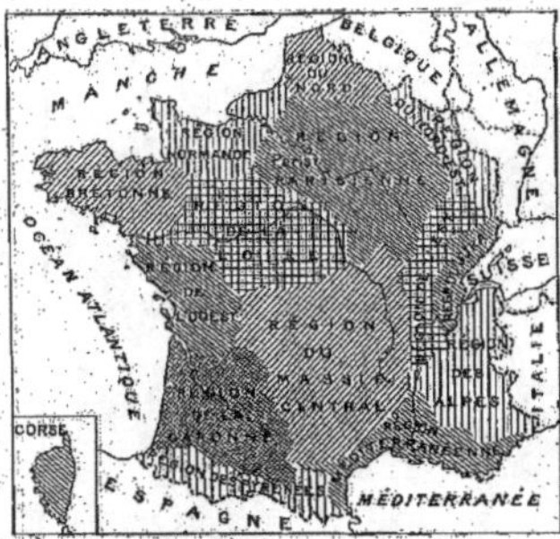

Division de la France par régions naturelles.

c'est-à-dire 14 régions ayant certains traits d'ensemble caractéristiques qui distinguent chacune d'elles de ses voisines.

Ces 14 régions principales sont :

Au centre et au sud-est :

Le Massif central ;
La région du Jura ;
La plaine de la Saône ;
La région des Alpes ;
La région Méditerranéenne.

Au sud-ouest :

La région des Pyrénées ;
La plaine de la Garonne ;
La région de l'Ouest.

Au nord-ouest :

La Bretagne ;
Les pays de la Loire ;
La Normandie.

Au nord-est :

La région du Nord ;
La région Parisienne ;
La région de l'Est.

LA FRANCE DU CENTRE ET DU SUD-EST.

181. Cette partie de la France comprend le *Massif central*, la *région du Jura*, la *plaine de la Saône*, la *région des Alpes* et la *région Méditerranéenne*.

1. LE MASSIF CENTRAL.

182. Description physique. — Le Massif central comprend tout le centre de la France, du Morvan à la plaine de la Garonne, de la Saône et du Rhône à la Charente.

C'est surtout une région de roches primaires, au relief accidenté, formé de plateaux et de montagnes moyennes (*Cévennes, monts du Velay et du Forez, monts d'Auvergne, monts de la Marche et du Limousin, plateaux des Causses*) : le point culminant, le Puy de Sancy, dans les monts d'Auvergne, n'a que 1886 mètres.

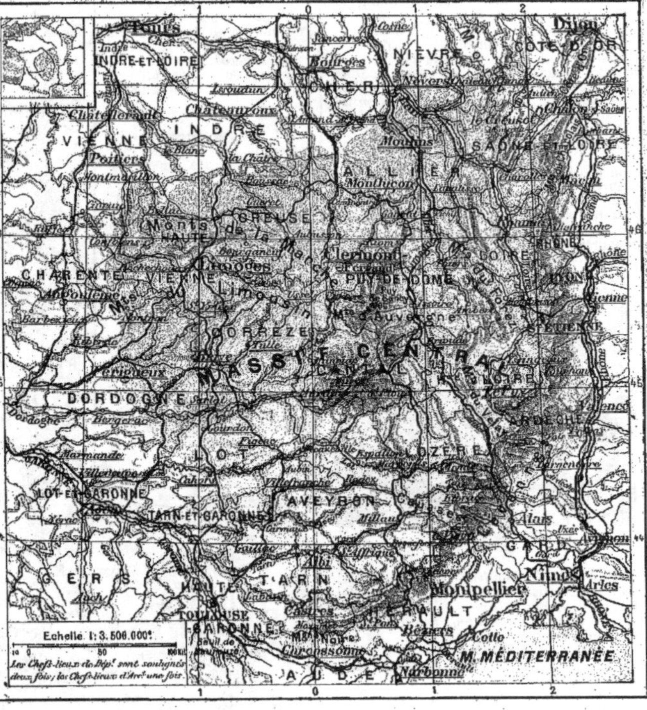

Le Massif central.

Le climat est rude : les hivers sont durs, avec beaucoup de neige ; les étés ont des jours chauds avec des nuits souvent fraîches ; des vents violents y soufflent fréquemment.

Les **rivières** sont nombreuses, mais toutes torrentielles. Elles coulent : 1° à la Manche : l'*Yonne* ; — 2° à l'Atlantique : la *Loire* et ses affluents, *Allier, Cher, Indre, Vienne* ; la *Charente* ; quelques affluents de la Garonne, *Dordogne, Lot, Tarn* ; — 3° à la Méditerranée : quelques affluents du Rhône, l'*Ardèche* et le *Gard*, ainsi que des fleuves côtiers comme l'*Hérault*.

183. Ressources. — Les productions végétales y sont assez peu abondantes. Ce sont des landes sur les sommets, des taillis, des forêts et des prairies sur les pentes et dans les hautes vallées. L'élevage y est florissant (*bœufs du Cantal, moutons des Causses, chevaux du Limousin*).

Les cultures sont relativement rares : on y trouve moins de blé que de seigle et de sarrasin ; la châtaigne forme, dans le Limousin, une partie de l'alimentation. La plaine de l'Allier, ou *Limagne*, est seule très riche ;

elle est couverte de champs de blé, de vignes et d'arbres fruitiers.

Les **ressources minérales** comprennent de la *houille* (bassins du Creusot, de Saint-Étienne, d'Alais, de Commentry), du *plomb* à Pontgibaud, et des *sources d'eaux thermales* (Vichy, le Mont-Dore).

Les **voies de communication** principales sont la *ligne de Paris à Nîmes*, le long de l'Allier, et la *ligne de Paris à Toulouse* par le Limousin. Les autres grandes lignes contournent le Massif central.

184. Population. — Au point de vue politique, le Massif central comprend les anciennes provinces d'*Auvergne*, du *Limousin*, de la *Marche*, du *Bourbonnais*, du *Nivernais*, ainsi qu'une partie du *Lyonnais*, du *Languedoc* et de la *Guyenne*.

La population est relativement clairsemée. Elle se compose de Cévenols, d'Auvergnats, de Limousins, races anciennes, robustes, économes.

185. Départements et villes. — Le Massif central forme les départements suivants :

ARDÈCHE, ch.-l. *Privas*; — s.-pr. *Tournon, Largentière*; — autres villes, *Annonay*, papiers; *Aubenas*, soies grèges.

HAUTE-LOIRE, ch.-l. **Le Puy**, dentelles; — s.-pr. *Brioude, Yssingeaux*.

LOIRE, ch.-l. **Saint-Étienne** (146 000 h.), houille, rubans, armes; — s.-pr. *Roanne*, cotonnades; *Montbrison*; — autres villes, *Rive-de-Gier, Saint-Chamond, Firminy*, métallurgie.

NIÈVRE, ch.-l. *Nevers*, ancienne capitale du Nivernais, faïences; — s.-pr. *Clamecy, Cosne, Château-Chinon*; — autres villes, *Fourchambault, Decize*, métallurgie.

PUY-DE-DÔME, ch.-l. **Clermont-Ferrand**, ancienne capitale de l'Auvergne, université, chef-lieu du 13e corps d'armée, pâtes alimentaires; — s.-pr. *Riom*, cour d'appel; *Thiers*, coutellerie; *Ambert, Issoire*; — autres villes, *Royat, le Mont-Dore, la Bourboule*, eaux minérales.

Le Creusot.

ALLIER, ch.-l. *Moulins*, ancienne capitale du Bourbonnais; — s.-pr. *Montluçon*, métallurgie, glaces; *Gannat, Lapalisse*; — autres villes, *Commentry*, houille; *Vichy*, eaux minérales.

CREUSE, ch.-l. *Guéret*, anc. cap. de la Marche; — s.-pr. *Boussac, Aubusson*, tapis; *Bourganeuf*.

HAUTE-VIENNE, ch.-l. **Limoges** (83 000 h.), sur la Vienne, ancienne cap. du Limousin, chef-lieu du 12e corps d'armée, porcelaines; — s.-pr. *Bellac, Rochechouart, Saint-Yrieix*.

CORRÈZE, ch.-l. *Tulle*, armes; — s.-pr. *Ussel, Brive*, nœud de voies ferrées.

CANTAL, ch.-l. *Aurillac*, chaudronnerie; — s.-pr. *Mauriac, Murat, Saint-Flour*, chaudronnerie.

LOT, ch.-l. *Cahors*; — s.-pr. *Gourdon, Figeac*.

LOZÈRE, ch.-l. *Mende*; — s.-pr. *Marvejols, Florac*.

AVEYRON, ch.-l. *Rodez*; — s.-p. *Espalion, Villefranche-de-Rouergue, Millau, Saint-Affrique*; — autres villes, *Decazeville, Aubin*, houille; *Roquefort*, fromages.

TARN, ch.-l. *Albi*, sur le Tarn, archevêché; — s.-pr. *Gaillac, Lavaur, Castres*, tanneries; — autres villes, *Carmaux*, houille, verreries; *Mazamet*, laines.

2. RÉGION DU JURA.

186. Description physique. — La région du Jura comprend les montagnes qui forment la frontière franco-suisse.

Les monts du Jura, formés de roches calcaires et disposés en nombreuses rangées parallèles, n'ont au maximum que 1723 mètres, au *Crêt de la Neige* : ce sont des montagnes moyennes. Le climat est froid en raison de l'altitude.

Les rivières principales du Jura sont le *Doubs*, affluent de la Saône, et l'*Ain*, affluent du Rhône.

187. Ressources. — La région du Jura a comme ressources : 1° des *forêts* de beaux sapins, des pâturages, et, à l'ouest, quelques vignobles estimés (Arbois); 2° des *salines*; 3° diverses industries, lunetteries, usines de fer émaillé, horlogerie, tourneries de bois.

Grandes voies ferrées de Dôle à Besançon et à Pontarlier.

188. Population. — Au point de vue politique, la région du Jura comprend l'ancienne province de *Franche-Comté*.

La population est un peu inférieure à la moyenne. Elle est robuste, forte, opiniâtre, industrieuse.

La France de l'est et du sud-est.

189. Départements et villes. — La région du Jura forme les départements suivants :

HAUTE-SAÔNE, ch.-l. *Vesoul*; — s.-pr. *Lure, Gray*.

DOUBS, ch.-l. **Besançon** (55 000 h.); sur le Doubs, archevêché, cour d'appel, université, chef-lieu du 7e corps d'armée, place forte, horlogerie; — s.-pr. *Montbéliard*, métallurgie; *Baume-les-Dames*; *Pontarlier*, embranchement des voies ferrées sur la Suisse.

JURA, ch.-l. *Lons-le-Saunier*, salines; — s.-pr. *Dôle*; *Poligny, Saint-Claude*, objets en buis; — autre ville, *Morez*, lunetterie.

3. PLAINE DE LA SAONE.

190. Description physique. — La plaine de la Saône est comprise entre le Jura, les Vosges, le plateau de Langres et les

Cévennes septentrionales. Elle est formée de terrains tertiaires et peu accidentée ; les hivers y sont froids, les étés très chauds (climat continental).

Le grand cours d'eau est la **Saône**, rivière paisible et régulière qui y coule du nord au sud, et y reçoit : à droite, l'*Ouche*, de Dijon ; à gauche, le *Doubs*.

191. Ressources. — La plaine de la Saône a surtout des ressources agricoles, mais, blé, *vins* très renommés sur les flancs de la Côte d'Or (Beaune, Nuits) ; élevage dans le Charolais (bœufs) et dans la Bresse (volailles).

Il est desservi par la grande voie ferrée de *Paris à Lyon et Marseille* par Dijon et Mâcon.

192. Départements et villes. — La région de la Saône comprend l'ancienne province de *Bourgogne* et une partie du *Lyonnais*.

Les départements sont :

Côte-d'Or, ch.-l. **Dijon**, ancienne capitale de la Bourgogne, cour d'appel, université, place forte, vins, moutarde ; — s.-pr. *Châtillon-sur-Seine, Semur, Beaune*, vins.

Saône-et-Loire, ch.-l. *Mâcon*, sur la Saône, vins et céréales ; — s.-pr. *Autun, Chalon-sur-Saône*, vins et céréales ; *Louhans, Charolles*, bœufs ; — autres villes, *le Creusot*, métallurgie ; *Montchanin, Montceau-les-Mines*, houille.

Ain, ch.-l. *Bourg-en-Bresse*, poulardes ; — s.-pr. *Gex, Nantua, Trévoux, Belley*.

Rhône, ch.-l. **Lyon** (459 000 h.), au confluent de la Saône et du Rhône ; ancienne capitale du Lyonnais ; archevêché, cour d'appel, université, camp retranché, orfèvrerie, première ville du monde pour les soieries ; — s.-pr. *Villefranche* ; — autre ville, *Tarare*, rubans.

4. RÉGION DES ALPES.

193. Description physique. — La région des Alpes comprend les montagnes qui séparent la France de l'Italie. Ces montagnes sont très élevées (Mont-Blanc, 4810 m.), portent de vastes champs de neiges et de glaces, toutefois sont assez faciles à franchir et ont été traversées par de nombreux conquérants (Annibal, César, Charlemagne, Charles VIII et Napoléon).

Le climat y est rude. Les cours d'eau principaux sont : le *Rhône*, au nord et à l'ouest ; l'*Arve*, au nord ; l'*Isère* et la *Drôme*, au centre ; la *Durance*, au sud.

194. Ressources. — La région des Alpes n'a que de faibles ressources. Elle a quelques cultures dans les vallées basses et sur les pentes inférieures ; des *forêts* et des *pâturages*, de 800 à 2000 mètres ; quelques *sources d'eaux minérales*, à Evian, à Aix-les-Bains.

Elle est traversée par la *voie ferrée de Paris à Turin* par le Mont-Cenis, et longée par la voie ferrée de *Paris à Lyon et Marseille* avec prolongement sur Gênes et l'Italie.

195. Population. — Cette région est peu peuplée. Elle renferme les deux départements de la France qui ont, en moyenne, le moins d'habitants, Hautes-Alpes 19 par kilomètre carré, Basses-Alpes 16. On émigre facilement de ces régions déshéritées (les Savoyards).

La population est plus nombreuse dans les vallées basses et le long du Rhône.

196. Départements et villes. — La région des Alpes comprend les anciennes pro-

vinces de *Savoie*, du *Dauphiné* et de *Provence*.

En laissant de côté la Provence littorale qui sera étudiée dans la région Méditerranéenne, les départements sont :

Alpes : Passage du Mont-Cenis.

Haute-Savoie, ch.-l. *Annecy*, sur un beau lac ; — s.-pr. *Thonon, Saint-Julien, Bonneville* ; — autre ville, *Evian*, eaux minérales.

Savoie, ch.-l. *Chambéry*, ancienne capitale de la province de Savoie, archevêché, cour d'appel ; — s.-pr. *Albertville, Moûtiers, Saint-Jean-de-Maurienne* ; — autre ville, *Aix-les-Bains*, près du lac du Bourget, eaux thermales.

Isère, ch.-l. **Grenoble** (68 000 h.), sur l'Isère, ancienne capitale du Dauphiné, cour d'appel, université, chef-lieu du 14e corps d'armée ; place forte ; gants, papier ; — s.-pr. *La Tour-du-Pin, Vienne*, sur le Rhône, fabriques de draps ; *Saint-Marcellin* ; — autre ville, *Voiron*, papiers.

Drôme, ch.-l. *Valence*, sur le Rhône ; — s.-pr. *Die, Montélimar*, nougat ; *Nyons*.

Hautes-Alpes, ch.-l. *Gap* ; — s.-pr. *Briançon*, place forte ; *Embrun*.

Basses-Alpes, ch.-l. *Digne* ; — s.-pr. *Barcelonnette, Sisteron, Forcalquier, Castellane*.

5. RÉGION MÉDITERRANÉENNE.

197. Description physique. — La région Méditerranéenne comprend, avec la Corse, la région des Alpes Maritimes et du Bas-Languedoc.

Paysage de Corse : Tallano.

La *région des Alpes Maritimes* est formée de petites montagnes (chaîne des Maures), aboutissant à un littoral très découpé (golfe de Marseille, rade de Toulon, îles d'Hyères).

Le *Bas-Languedoc* est formé de plaines aboutissant à un littoral bas et marécageux (étang de Thau) le long du golfe du Lion.

La *Corse* est montagneuse (M. Cinto, 2710 m.) ; ses côtes, rectilignes à l'est, sont très découpées à l'ouest.

Le climat est partout tiède et humide en hiver, chaud et sec en été. On y trouve comme cours d'eau, outre le Rhône qui s'y termine, plusieurs torrents côtiers, *Aude, Hérault, Var*, et, en Corse, *Golo*.

198. Ressources. — La région Méditerranéenne a de nombreuses ressources, mais elles sont surtout agricoles. Le Bas-Languedoc a comme richesse principale ses vignes. La Provence et la Corse, plus sèches, ont leurs oliviers.

De nombreuses villes d'hiver se sont établies le long de la côte de Provence. Eaux d'Orezza, en Corse.

Cette région est reliée à Paris par les lignes de *Paris à Lyon et à la Méditerranée*, et de *Paris à Nîmes*.

199. Population. — En Provence, et, d'une manière générale, à l'est du Rhône, la population est surtout dense le long du Rhône et sur la côte. De même, en Corse, la population est plus nombreuse sur le littoral que dans l'intérieur.

Au contraire, dans le Bas-Languedoc, les populations vivent surtout de viticulture, et les grandes agglomérations sont situées dans l'intérieur des terres.

Les hommes du Midi méditerranéen se font remarquer par leur vivacité, la spontanéité de leurs impressions, l'énergie de leurs passions, et leur exubérance naturelle.

200. Départements et villes. — La région Méditerranéenne comprend : la *Corse*, le *comté de Nice*, la *Provence* et le *comtat Venaissin*, avec une partie du *Languedoc*.

Les départements sont :

Corse, ch.-l. *Ajaccio*, sur la côte occidentale ; — s.-pr. *Bastia*, port au nord-est, cour d'appel ; *Calvi, Corte, Sartène* ; — autre ville, *Orezza*, eaux minérales.

Alpes-Maritimes, ch.-l. **Nice** (105 000 hab.) sur la côte, fleurs, ville d'hiver ; — s.-pr. *Puget-Théniers, Grasse*, fleurs ; — autre ville, *Cannes*, ville d'hiver.

Var, ch.-l. *Draguignan* ; — s.-pr. *Brignoles*, **Toulon** (101 000 h.), grand port de guerre.

Bouches-du-Rhône, ch.-l. **Marseille** (491 000 h.), chef-lieu du 15e corps d'armée, centre de nos relations avec l'Algérie, l'Orient et l'Extrême-Orient, l'Australie ; premier port de commerce de la France ; ville industrielle, huiles, savons ; — s.-pr. *Aix*, ancienne capitale de la Provence, archevêché, cour d'appel, université ; *Arles*, sur le Rhône, monuments romains.

Vaucluse, ch.-l. *Avignon*, sur le Rhône, ancienne résidence des papes, archevêché ; — s.-pr. *Orange*, monuments romains ; *Carpentras, Apt*.

Gard, ch.-l. **Nîmes** (80 000 h.), cour d'appel, monuments romains, fabriques de foulards ; — s.-pr. *Alais*, houille, machines ; *Uzès, le Vigan* ; — autres villes, *Bessèges*, aciéries ; la *Grand'Combe*, houille.

Hérault, ch.-l. **Montpellier** (76 000 h.), cour d'appel, université, chef-lieu du 16e corps d'armée ; — s.-pr. *Lodève, Saint-Pons, Béziers*, vins et eaux-de-vie ; — autre ville, *Cette*, sur la côte, grand port de commerce.

Aude, ch.-l. *Carcassonne*, sur l'Aude, vins ; — s.-pr. *Castelnaudary, Narbonne*, près de la mer, vins ; *Limoux*.

La France du Sud-Ouest.

doc? de la Provence? — Citer les départements de cette région. — Que savez-vous de Marseille? — Parler de la Corse.

LA FRANCE DU SUD-OUEST

201. La France du Sud-Ouest comprend la *région des Pyrénées*, la *plaine de la Garonne* et la *région de l'Ouest*.

1. RÉGION DES PYRÉNÉES.

202. **Description physique.** La région des Pyrénées est formée de montagnes moins hautes que les Alpes, toutefois assez élevées pour conserver des neiges pendant toute l'année (pic d'Aneto, 3404 m.). Leurs pentes inférieures sont couvertes de champs et de vignobles. Plus haut, on trouve des forêts, des pâturages et des neiges.

Les Pyrénées sont difficiles à franchir à cause de l'élévation de leurs cols ou *ports*. Peu de grandes routes les traversent; la principale est celle du *Somport*, à l'ouest. Deux voies ferrées les tournent, l'une à l'ouest, et l'autre à l'est.

ancienne et parlent un idiome particulier, émigrent beaucoup vers l'Amérique du Sud.

205. **Départements et villes.** — Les départements de cette région sont :
PYRÉNÉES-ORIENTALES, ch.-l. *Perpignan*, vignobles; — s.-pr. *Prades*, *Céret*; — autre ville, *Port-Vendres*, port.

Vallée des Pyrénées : Cauterets.

ARIÈGE, ch.-l. *Foix*; — s.-p. *Pamiers*, métallurgie; *Saint-Girons*.
HAUTES-PYRÉNÉES, ch.-l. *Tarbes*, sur l'Adour; — s.-pr. *Bagnères-de-Bigorre*, ville d'eaux; *Argelès*; — autre ville, *Lourdes*.
BASSES-PYRÉNÉES, ch.-l. *Pau*, sur le Gave de Pau, cour d'appel, ville d'hiver; — s.-pr. *Orthez*, *Bayonne*, port sur l'Adour; *Mauléon*, *Oloron*; — autre ville, *Biarritz*, plage.

2. PLAINE DE LA GARONNE.

206. — **Description physique.** — La plaine de la Garonne, encadrée entre le Massif central, les Pyrénées et l'Atlantique, comprend les plateaux de l'Armagnac, la plaine des Landes et la plaine du Bordelais. Elle jouit d'un climat maritime chaud.

Elle est arrosée : 1° au sud-ouest, par l'*Adour*; — 2° au centre, par la **Garonne** et ses affluents, *Tarn*, *Lot*, *Dordogne*, *Gers*, *Baïse*. La Gironde, prolongement de la Garonne, est un profond estuaire, large de 2 à 12 kil.

La côte est rectiligne, bordée de dunes, inhospitalière. Ses seuls abris sont l'estuaire de la Gironde et le *bassin d'Arcachon*.

Exercices.

Questionnaire. — 182-185. Que savez-vous de la géographie physique du Massif central : géologie, relief, climat, rivières? — Quelles sont les ressources végétales? minérales? les voies de communication? — Rappeler les principales provinces de cette région, les principaux départements.

186-189. Rappeler la géographie physique du Jura. Quelles rivières le traversent? Quelles voies ferrées? Quelles sont les principales ressources? — Citer les principaux départements.

190-192. Décrire la plaine de la Saône. Quelles rivières l'arrosent. Indiquer ses ressources principales; les départements qui s'y trouvent. — Que savez-vous de Lyon?

193-196. Rappeler la géographie physique des Alpes, leurs rivières, leurs ressources. — Énumérer les départements de la Savoie, du Dauphiné, avec les chefs-lieux, sous-préfectures et autres villes.

197-200. Faire la description physique de la région Méditerranéenne, relief, climat, cours d'eau, côte. — Quelles sont les ressources du Bas-Langue-

203. **Ressources.** — Les ressources de la région des Pyrénées sont celles de tous les pays de montagnes. On y trouve principalement des pâturages; les cultures n'apparaissent que dans les basses vallées.

En outre, cette région abonde en sources thermales ou minérales. On peut citer Cauterets, Luchon, Bagnères-de-Bigorre. Elles sont visitées chaque année par de nombreux étrangers, attirés autant par les eaux que par la beauté des sites pyrénéens.

Les Pyrénées sont reliées à Paris par les voies ferrées de *Paris à Bordeaux*, avec prolongement sur Bayonne, et de *Paris à Toulouse*.

204. **Population.** — La région des Pyrénées comprend les anciennes provinces du *Roussillon*, du *Comté de Foix*, du *Béarn*, avec une partie de la *Gascogne*.

La population est assez rare. A l'ouest, les Basques, qui descendent d'une race très

207. **Ressources.** — Cette grande plaine est surtout agricole. Elle est couverte de maïs, de blé, d'*arbres fruitiers* (prunes d'Agen) et de *vignes*. Les environs de Bordeaux, ou bordelais, produisent des vins très renommés (Médoc). Les vins de l'Armagnac sont employés surtout à la fabrication des *eaux-de-vie*.

La *plaine des Landes*, longtemps couverte uniquement de landes et de marécages, a été desséchée en partie. A la place des landes, il y a maintenant des bois de pins maritimes qui sont d'un bon rapport (bois, résine).

La plaine de la Garonne est desservie par la ligne de *Bordeaux à Cette*; elle est reliée à Paris par celles de *Paris à Bordeaux* et de *Paris à Toulouse*.

208. **Population.** — La plaine du Sud-Ouest, presque entièrement agricole, a une densité de population un peu inférieure à la moyenne de la France; cette infériorité est notable surtout dans la région des Landes.

Les Gascons, qui parlent encore le patois

qu'on appelle la langue d'oc, sont pleins de feu, d'esprit et de ressource, un peu enclins, dit-on, à l'exagération, mais jamais découragés, toujours alertes, causeurs et gais.

209. Départements et villes. — La plaine de la Garonne comprend, avec une partie du *Languedoc*, les anciennes provinces de *Guyenne* et de *Gascogne*.

Les départements sont :

HAUTE-GARONNE, ch.-l. **Toulouse** (149 000 h.) sur la Garonne et le canal du Midi, ancienne capitale du Languedoc, archevêché, cour d'appel, université, chef-lieu du 17ᵉ corps d'armée ; — s.-pr. *Muret, Villefranchede-Lauraguais, Saint-Gaudens ;* — autre ville, *Bagnères-de-Luchon,* eaux minérales.

GERS, ch.-l. *Auch,* archevêché ; — s.-pr. *Condom, Lectoure, Lombez, Mirande.*

LANDES, ch.-l. *Mont-de-Marsan ;* — s.-pr. *Saint-Sever, Dax,* station thermale.

TARN-ET-GARONNE, ch.-l. *Montauban,* sur le Tarn, tanneries ; — s.-pr. *Moissac, Castelsarrasin.*

LOT-ET-GARONNE, ch.-l. *Agen,* sur la Garonne, prunes ; — s.-pr. *Marmande,* eaux-de-vie d'Armagnac ; *Villeneuve-sur-Lot, Nérac.*

DORDOGNE, ch.-l. *Périgueux,* pâtés, carrosserie ; — s.-pr. *Nontron, Ribérac, Sarlat, Bergerac.*

GIRONDE, ch.-l. **Bordeaux** (257 000 h.), sur la Garonne, ancienne capitale de la Guyenne, archevêché, cour d'appel, université, chef-lieu du 18ᵉ corps d'armée ; vins ; grand port, centre de nos relations commerciales avec l'Amérique du Sud et le Sénégal ; — s.-pr. *Lesparre, Blaye, Libourne,* sur la Dordogne ; *la Réole, Basas ;* — autres villes, *Pauillac,* sur la Gironde, avant-port de Bordeaux ; *Arcachon,* ville d'hiver.

3. RÉGION DE L'OUEST.

210. Description physique. — La région de l'Ouest est comprise, d'une part, entre la Gironde et la Loire, de l'autre entre le Massif central et l'Atlantique.

Elle comprend deux parties bien différentes : 1° au nord, la *Vendée,* région de terrains anciens, de plateaux et de petites collines, de bois et de pâturages, fraîche et verte ; — 2° au sud, le *Poitou,* l'*Angoumois* et la *Saintonge,* régions calcaires, cultivées surtout en céréales et en vignes.

Les eaux coulent : 1° au nord, vers la Loire, *Vienne ;* — 2° au centre, vers l'Atlantique directement, *Sèvre Niortaise,* grossie de la Vendée, et *Charente.*

La côte, ou *pays d'Aunis,* est le plus souvent basse, bordée de marais salants (voir gravure p. 15), parcs à huîtres et à moules. Le long de la côte sont quatre îles : *Noirmoutier, Yeu, Ré, Oleron.*

211. Ressources. — La région de l'Ouest a des ressources abondantes. Au nord, en Vendée, les ressources agricoles consistent surtout en pâturages qui servent à l'élevage du bœuf et du cheval. Dans le Poitou, on trouve encore de l'élevage, principalement celui du mulet, mais aussi de nombreux champs de céréales et de noyers. Au sud, dans les pays de la Charente, on cultive beaucoup de vignes dont le vin sert à fabriquer les eaux-de-vie fameuses de Cognac.

Cette région de l'Ouest trouve également une ressource importante dans ses coquillages, ainsi que dans le commerce maritime.

Elle est traversée par les lignes de l'État, de *Paris à Bordeaux* par *Niort,* et de *Bordeaux à Nantes* par *la Rochelle.*

212. Départements et villes. — La région de l'Ouest comprend les anciennes provinces du Poitou, de l'Angoumois, de la Saintonge et de l'Aunis.

Les départements sont :

VENDÉE, ch.-l. *La Roche-sur-Yon ;* — s.-pr. *Les Sables d'Olonne,* plage ; *Fontenayle-Comte ;* — v. pr. *Luçon,* évêché.

DEUX-SÈVRES, ch.-l. *Niort,* jardins maraîchers ; — s.-pr. *Bressuire, Parthenay, Melle.*

VIENNE, ch.-l. *Poitiers* (39 000 h.), ancienne capitale du Poitou, cour d'appel, université, souvenirs historiques ; — s.-pr. *Loudun, Châtellerault,* sur la Vienne, couteaux ; *Montmorillon, Civray.*

CHARENTE, ch.-l. *Angoulême* (36 000 h.), sur la Charente, papeteries ; — s.-pr. *Ruffec, Confolens, Cognac,* eaux-de-vie ; *Barbesieux ;* — autre ville, *Ruelle,* canons.

CHARENTE-INFÉRIEURE, ch.-l. *La Rochelle* (31 000 h.), avec son port-annexe de la Pallice ; — s.-pr. *Saint-Jean d'Angély, Rochefort* (35 000 h.), sur la Charente, port de guerre ; *Marennes,* huîtres ; *Saintes,* sur la Charente ; *Jonsac ;* — autre ville, *Royan,* bains de mer.

Exercices.

Questionnaire. — 202-205. Décrire les Pyrénées, sommets, passages, ressources diverses. — Citer les départements à l'est, au centre, à l'ouest. — Quelles voies ferrées y mènent ?

206-209. Quelle est l'étendue de la plaine de la Garonne ? Son climat ? Quels sont ses cours d'eau ? Décrire son littoral. — Indiquer ses ressources. — Qu'est-ce que les Landes ? — Citer les départements avec leurs chefs-lieux et sous-préfectures. — Indiquer les voies de communication. — Parler de Bordeaux, de Toulouse.

210-212. Que comprend la région de l'Ouest ? Citer les cours d'eau qui l'arrosent. En décrire la côte. — Quels sont les départements de cette région ? — Citer les voies ferrées qui desservent cette région.

LA FRANCE DU NORD-OUEST.

213. La France du Nord-Ouest comprend la *Bretagne,* les *pays de la Loire* et la *Normandie.*

1. BRETAGNE.

214. Description physique. — La Bretagne est la grande presqu'île qui s'avance dans l'Océan à l'ouest de la France. La mer la baigne au nord, à l'ouest et au sud.

C'est un massif de roches primaires, au relief accentué bien que peu élevé. Elle n'a

En Bretagne : un dolmen.

que de petits cours d'eau, au nord la *Rance,* à l'ouest l'*Aulne,* au sud le *Blavet* et la *Vilaine,* sans importance jusqu'aux abords de la mer.

La côte bretonne est très découpée, ce qui a favorisé l'établissement de ports nombreux.

On y trouve le *golfe de Saint-Malo,* la *rade de Brest,* l'*île d'Ouessant,* la *pointe du Raz,* la *presqu'île de Quiberon, Belle-Ile,* le *golfe du Morbihan.*

Le climat est très maritime, très pluvieux, doux en hiver, frais en été. Il s'y passe des hivers entiers sans un seul jour de gelée sur les côtes.

215. Ressources. — La Bretagne est un pays triste et sévère. A l'intérieur, on trouve surtout des forêts, des landes, de maigres prairies et de pauvres cultures (seigle, blé noir).

La côte et le pourtour sont plus riches. La pêche y est florissante ; un petit port de pêcheurs se cache dans toutes les découpures de la côte. On y cultive les primeurs, notamment des artichauts, des choux-fleurs et des fraises. C'est un important pays d'élevage.

La Bretagne est desservie par les lignes de *Paris à Brest* par Rennes, et de *Nantes à Brest* par Vannes et Quimper.

216. Population. — La Bretagne est très peuplée. Elle renferme en moyenne 91 habitants par kilomètre carré. La population est nombreuse surtout sur la côte.

Les Bretons sont une race ancienne. Ils ont maintenu longtemps leurs costumes et leurs mœurs d'autrefois. Dans la Basse-Bretagne, ou Bretagne occidentale, ils parlent une vieille langue celtique, le *bas-breton.* Dans la Haute-Bretagne, ou Bretagne orientale, ils parlent le français.

217. Départements et villes. — La Bretagne a formé les cinq départements suivants :

LOIRE-INFÉRIEURE, ch.-l. **Nantes** (133 000 h.), sur la Loire, chef-lieu du 11ᵉ corps d'armée, port actif et ville industrielle, conserves ; — s.-pr. *Châteaubriant, Ancenis, Saint-Nazaire,* grand port à l'embouchure de la Loire, constructions navales, centre de nos relations commerciales avec l'Amérique centrale ; *Paimbœuf.*

MORBIHAN, ch.-l. *Vannes ;* — s.-pr. *Pontivy, Ploërmel, Lorient* (44 000 h.), port de guerre sur l'Océan.

FINISTÈRE, ch.-l. *Quimper ;* — s.-p. *Morlaix,* petit port de commerce ; **Brest** (84 000 h.), grand port de guerre sur l'Océan ; *Châteaulin, Quimperlé ;* — autres villes, *Douarnenes* et *Concarneau,* ports de pêche ; *Roscoff,* port de pêche et primeurs.

CÔTES-DU-NORD, ch.-l. *Saint-Brieuc ;* — s.-pr. *Lannion, Guingamp, Dinan, Loudéac ;* — autre ville, *Paimpol,* port de pêche.

ILLE-ET-VILAINE, ch.-l. **Rennes** (74 000 h.), sur la Vilaine, ancienne capitale de la Bretagne, archevêché, cour d'appel, université, chef-lieu du 10ᵉ corps d'armée ; — s.-pr. *Saint-Malo,* port de commerce ; *Fougères,* chaussures ; *Vitré, Montfort, Redon.*

2. PAYS DE LA LOIRE.

218. Description physique. — La région de la Loire est située au nord du Massif central. Elle comprend les vallées de la Loire moyenne et de ses principaux affluents, Cher, Indre, Vienne et Maine.

C'est un pays de plaines secondaires et tertiaires, peu accidentées, souvent même très plates (Beauce).

Au centre, coule la Loire qui a malheureusement trop peu d'eau pendant la moitié environ de l'année pour pouvoir servir à la navigation. Plus rarement, la Loire est sujette à des crues énormes, qui passent toujours rapidement, mais non sans causer d'épouvantables ravages.

219. Ressources. — Les pays de la Loire ont des ressources surtout agricoles. Au sud, le *Berri* est une terre à blé et à moutons. Au centre, la *Sologne* a des étangs et des bois. Au nord, la *Beauce* est une terre à blé. Le *val de la Loire* et la *Touraine* sont des pays frais et riants; l'*Anjou* a des champs de primeurs, des jardins de fleurs, des ardoisières.

L'industrie est assez peu développée dans toute cette région, sauf dans le Berri qui a des minerais de fer et quelques industries métallurgiques.

Source du Loiret.

La région de la Loire est traversée par les lignes de *Paris à Bordeaux* par Orléans et Tours, et de *Paris à Toulouse* par Orléans et Vierzon.

220. Départements et villes. — La région de la Loire moyenne comprend les anciennes provinces du *Berri*, de l'*Orléanais*, du *Maine*, de la *Touraine* et de l'*Anjou*.

Les départements sont :

Indre, ch.-l. **Châteauroux**, sur l'Indre, draps; — s.-pr. *Issoudun, le Blanc, la Châtre.*

Cher, ch.-l. *Bourges*, ancienne capitale du Berri, archevêché, cour d'appel, chef-lieu du 8ᵉ corps d'armée, fonderie de canons; — s.-pr. *Sancerre, Saint-Amand*; — autre ville, *Vierzon*, porcelaines, industries mécaniques.

Indre-et-Loire, ch.-l. **Tours** (64 000 h.), sur la Loire, ancienne capitale de la Touraine, archevêché, chef-lieu du 9ᵉ corps d'armée; — s.-pr. *Chinon, Loches*; — autre ville, *Amboise*, château.

Maine-et-Loire, ch.-l. **Angers** (82 000 h.), sur la Maine, ancienne capitale de l'Anjou, ardoisières, légumes, champs de fleurs; — s.-pr. *Segré, Baugé, Saumur*, vins; *Cholet*, toiles.

Mayenne, ch.-l. *Laval*, sur la Mayenne, tissages; — s.-pr. *Mayenne, Château-Gontier.*

Sarthe, ch.-l. **Le Mans** (64 000 h.), sur la Sarthe, ancienne capitale du Maine, chef-lieu du 4ᵉ corps d'armée, toiles, chaussures; — s.-pr. *Mamers, Saint-Calais, la Flèche.*

Loir-et-Cher, ch.-l. *Blois*, chaussures; — s.-pr. *Vendôme, Romorantin.*

Loiret, ch.-l. **Orléans** (67 000 h.), sur la Loire, ancienne capitale de l'Orléanais, cour d'appel, chef-lieu du 5ᵉ corps d'armée; ville de commerce, vinaigre, pépinières, fabrique de couvertures; — s.-pr. *Pithiviers, Montargis, Gien*, faïences.

Eure-et-Loir, ch.-l. *Chartres*, marché de grains; — s.-pr. *Dreux, Nogent-le-Rotrou, Châteaudun.*

3. NORMANDIE.

221. Description physique. — La Normandie est située sur la Manche, en face de l'Angleterre.

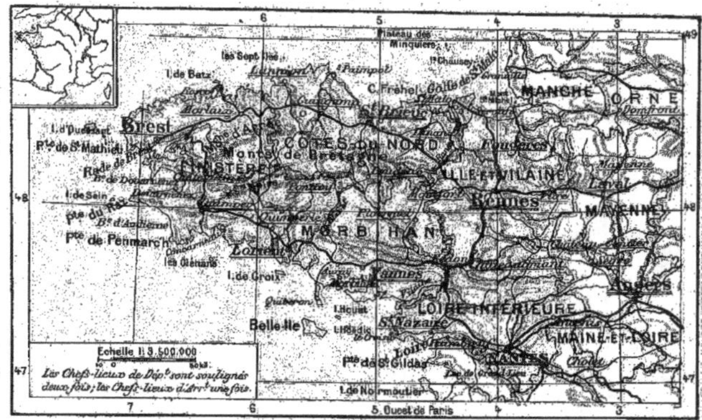

Bretagne.

Région de collines et de petites montagnes (*collines du Perche, collines de Normandie*, 417 m.), la Normandie est un pays au climat maritime, humide et doux. Elle est arrosée par la **Seine** qui y a son cours inférieur et son embouchure, et qui y reçoit l'*Eure*; elle est arrosée aussi par l'*Orne*, petit fleuve côtier.

En Normandie : le Mont Saint-Michel.

La côte normande est formée, à l'est et au centre, de falaises rectilignes au pied desquelles s'étendent de vastes plages de sable; à l'ouest, elle est très rocheuse et découpée dans le Cotantin.

222. Ressources. — La Normandie, en raison de l'humidité de son climat, est surtout un pays de *pâturages* et d'*élevage* : chevaux du Perche, bœufs normands, beurre d'Isigny, fromages de Camembert. La campagne, avec ses nombreux pommiers, a l'aspect d'un bocage. (Voir grav., Paysage normand, p. 29.)

L'industrie est active le long de la Basse-Seine (cotonnades, rouenneries, draps).

La Normandie est desservie par les lignes de *Paris à Cherbourg* par Caen, et de *Paris au Havre* par Rouen.

223. Populations. — La Normandie est habitée par les Normands, peuple d'origine scandinave qui s'y établit au xᵉ siècle.

Le type des habitants rappelle souvent cette origine germanique et scandinave. Beaucoup d'entre eux ont le visage allongé, des cheveux d'un blond pâle, des yeux d'un bleu clair. De même, certains traits du caractère normand, notamment l'âpreté au gain, l'esprit de hardiesse, d'entreprise et d'aventures, font songer aux anciens coureurs des mers.

Au Moyen-Age, les Normands ont été parmi les plus hardis explorateurs français.

La Normandie se dépeuple. Chaque recensement indique une diminution sensible de la population, sauf le long de la Seine maritime.

224. Départements et villes. — Les cinq départements de la Normandie sont :

Manche, ch.-l. *Saint-Lô*; — s.-pr. *Cherbourg*, port de guerre sur la Manche; *Valognes, Coutances, Avranches, Mortain*; — autre ville, *Granville*, port; abbaye du *Mont Saint-Michel*, dans un îlot.

Orne, ch.-l. *Alençon*; — s.-pr. *Argentan, Domfront, Mortagne*; — v. pr. *Flers*, fils de coton; *Camembert*, fromages.

Calvados, ch.-l. *Caen*, sur l'Orne, université; — s.-pr. *Bayeux, Pont-l'évêque, Lisieux*, draps; *Falaise*, fils de coton; *Vire*; — autres villes, *Isigny*, beurre; *Honfleur*, port.

Eure, ch.-l. *Évreux*; — s.-p. *Pont-Audemer, les Andelys, Louviers*, draps; *Bernay.*

Seine-Inférieure, ch.-l. **Rouen** (116 000 h.), sur la Seine, ancienne capitale de la Normandie, archevêché, cour d'appel, chef-lieu du 3ᵉ corps d'armée; grand port de commerce, rouenneries; — s.-pr. *Dieppe*, port de commerce; *Neufchâtel, Yvetot*, **le Havre** (130 000 h.), second port de commerce de la France, centre de nos relations commerciales avec l'Amérique du Nord; — autres villes, *Elbeuf*, draps; *Fécamp*, port.

Exercices.

Questionnaire. — 214-217. Décrire la Bretagne, ses montagnes, ses rivières, son climat, ses côtes, ses ressources diverses. — Que savez-vous du peuple breton ? — Citer les départements de la Bretagne.

218-220. Qu'est-ce que la région de la Loire? La décrire. Citer les voies ferrées qui la traversent. — Quels sont les provinces, les départements qu'elle renferme ?

221-224. Qu'est-ce que la Normandie? Quels fleuves l'arrosent? Quelles sont ses ressources principales? Où l'industrie s'y est-elle surtout développée? — Rappeler les départements de la Normandie. — Citer les voies ferrées qui la desservent. — Que savez-vous de Rouen? du Havre?

LA FRANCE DU NORD-EST.

225. La France du Nord-Est comprend : la *région du Nord*, la *région Parisienne* et la *région de l'Est*.

1. RÉGION DU NORD.

226. Description physique. — La région du Nord est le quadrilatère qui fait face à l'Angleterre entre la Manche, la mer du Nord, la Belgique et la région Parisienne.

C'est un pays de terrains secondaires et tertiaires, au relief peu accentué. Il comprend les *collines d'Artois*, le *plateau de Picardie* et la *plaine de Flandre*. Le climat est humide et déjà froid.

Les rivières sont courtes, mais régulières et paisibles : ce sont l'*Escaut*, avec ses affluents, Scarpe et Lys, tributaire de la mer du Nord; la *Somme*, tributaire de la Manche. La côte est basse, bordée de dunes au nord et à l'ouest. On n'y trouve de falaises qu'au nord-ouest sur le Pas de Calais, où le cap *Gris-Nez* termine les collines d'Artois en face et à 30 kil. de l'Angleterre.

227. Ressources. — La région du Nord abonde en ressources de toute sorte.

L'*agriculture* y trouve des terrains faciles à travailler et fertiles, propres à la culture des plantes qui n'exigent qu'une chaleur moyenne (blé, betteraves, lin, chanvre).

L'*industrie* y est favorisée par l'existence de gisements abondants d'excellente houille (mines de Valenciennes, d'Anzin, de Lens).

Le *commerce* est très développé à cause de la régularité des rivières et de la modération du relief qui a rendu facile l'établissement de canaux et de voies ferrées multiples (*canal de Saint-Quentin*; lignes de *Paris à Calais*, de *Paris à Lille*, de *Paris à Maubeuge*).

La région du Nord était célèbre dès le Moyen-Age pour sa richesse, comme le témoignent de nombreux monuments de cette époque (beffrois, hôtels de ville). Aujourd'hui elle est la première région française pour sa richesse agricole et industrielle.

228. Populations. — La riche région du Nord est la plus peuplée de France après Paris et sa banlieue. Le département du Nord compte 323 habitants par kil. carré. Il ressemble à une ruche industrielle toujours active, ce ne sont partout que hautes cheminées, puits de houille, voies ferrées, canaux et rivières chargés de bateaux, épaisses fumées indiquant un pays de travail constant.

Les habitants, grands, blonds, roses, appartiennent pour la plupart à la race flamande. Dans les parties avoisinant la mer du Nord, ils parlent la langue flamande de préférence au français.

229. Départements et villes. — La région du Nord comprend les anciennes provinces de Flandre, d'Artois et de Picardie. Les départements sont :

NORD, ch.-l. *Lille* (210 000 h.), ancienne capitale de la Flandre, université, chef-lieu du 1er corps d'armée, place forte, manufactures, filatures, brasseries, métallurgies, raffineries; — s.-pr. *Dunkerque*, grand port sur la mer du Nord, marché de laines; *Haze-brouck*, *Douai*, cour d'appel; *Valenciennes*, sur l'Escaut, houille, dentelles; *Cambrai*, archevêché, toilés; *Avesnes*; — autres villes, *Armentières*, tissages; *Roubaix* (142 000 h.), draps; *Tourcoing* (79 000 h.), draps, velours; *Anzin*, houille, verreries; *Fourmies*, filatures; *Maubeuge*, métallurgie.

PAS-DE-CALAIS, ch.-l. *Arras*; — s.-pr. *Saint-Omer*, *Boulogne* (49 000 h.), pêche, port de passage pour l'Angleterre; *Béthune*, *Montreuil*, *Saint-Pol*; — autre ville, *Calais* (59 000 h.), tulles, port de passage pour l'Angleterre; *Lens*, houille.

SOMME, ch.-l. *Amiens* (90 000 h.), sur la Somme, cour d'appel, chef-lieu du 2e corps d'armée, toiles; — s.-pr. *Doullens*, *Abbeville*, toiles; *Péronne*, *Montdidier*.

2. RÉGION PARISIENNE.

230. Description physique. — La région Parisienne n'a pas de limites précises. Elle se lie insensiblement aux régions voisines du Nord, de la Normandie, des pays de la Loire et de la Saône.

C'est une grande plaine de terrains secondaires et tertiaires, ayant la forme générale d'une cuvette. Au fond de la cuvette est la Ville de Paris, vers laquelle convergent toutes les rivières de cette région, c'est-à-dire la *Seine* et ses principaux affluents, *Aube*, *Marne*, *Oise*, *Yonne*, *Loing*. Ces rivières, sauf l'Yonne, sont paisibles et régulières. Le climat est maritime tempéré, assez peu humide.

231. Ressources. — La région Parisienne a des pierres à bâtir, à Château-Landon, Chantilly; mais elle ne possède ni houille, ni minerais : aussi est-elle peu industrielle, sauf dans la banlieue même de Paris.

L'agriculture y est développée dans la Beauce et la Brie, pays de blé, surnommés les greniers de la France. La Champagne est un pays de vins mousseux renommés.

Le développement de toute cette région est favorisé par le grand nombre des voies fluviales et ferrées qui convergent vers Paris.

232. Populations. — La région Parisienne renferme une population très dense dans Paris et sa banlieue, où ne cessent d'affluer des hommes de toute la France. On a dit avec raison que la France émigre à Paris.

Le département de la Seine compte 7 660 habitants par kilomètre carré d'étendue.

233. Départements et villes. — Les anciennes provinces de la région Parisienne sont l'*Ile-de-France*, une partie de la *Champagne* et de la *Bourgogne*. Les départements sont :

YONNE, ch.-l. *Auxerre*, sur l'Yonne; — s.-pr. *Sens*, archevêché; *Joigny*, *Tonnerre*, *Avallon*.

AUBE, ch.-l. *Troyes* (53 000 h.), sur la Seine, bonneterie; — s.-pr. *Arcis-sur-Aube*. *Nogent-sur-Seine*, *Bar-sur-Aube*, *Bar-sur-Seine*.

MARNE, ch.-l. *Châlons-sur-Marne*, chef-lieu du 6e corps d'armée; — s.-pr. **Reims** (108 000 h.), archevêché, cathédrale fameuse, tissages, draps, vins de Champagne, biscuits; *Sainte-Menehould*; *Épernay*, vins de Champagne; *Vitry-le-François*.

AISNE, ch.-l. *Laon*, place forte; — s.-pr. *Saint-Quentin*, sur la Somme, raffineries, mousseline; *Vervins*, *Soissons*, *Château-Thierry*; — autre ville, *Saint-Gobain*, glaces.

OISE, ch.-l. *Beauvais*; — s.-pr. *Compiègne*, château; *Clermont*, *Senlis*; — autre ville, *Creil*, métallurgie.

SEINE-ET-MARNE, ch.-l. *Melun*, sur la Seine; — s.-pr. *Meaux*, *Coulommiers*, fromages de Brie; *Provins*, *Fontainebleau*, château; — autre ville, *Montereau*, faïences.

SEINE-ET-OISE, ch.-l. **Versailles**, château; — s.-pr. *Pontoise*, *Mantes*, *Rambouillet*, château; *Corbeil*, farines, papier; *Étampes*.

SEINE, ch.-l. **Paris** (2 714 000 h.) : bâtie sur la Seine, elle est la ville la plus peuplée

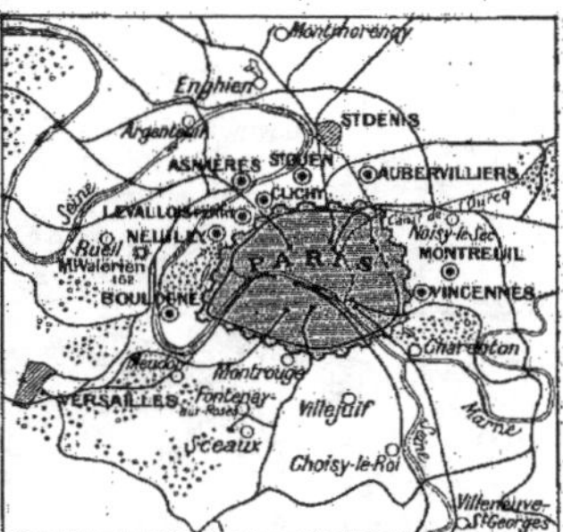

Paris et sa banlieue.

du monde après Londres et New-York. Aucune ville n'est plus belle et plus élégante. Le gouvernement et les grandes administrations y ont leur siège. Paris est aussi la première ville d'industrie et de commerce de la France. L'industrie parisienne consiste surtout en vêtements, ameublements, bronzes, bijoux, menus objets appelés *articles de Paris*.

Principales agglomérations de la banlieue parisienne : *Saint-Denis* (60 000 h.), machines; *Saint-Ouen*, produits chimiques; *Vincennes*, *Charenton*; *Boulogne*, *Levallois-Perret*, *Neuilly*, *Clichy*. Plus d'un demi-million d'habitants vivent dans la banlieue de Paris.

3. RÉGION DE L'EST.

234. Description physique. — La région de l'Est comprend le versant occidental des Vosges méridionales, le plateau lorrain et l'Ardenne. Le relief est accidenté, montueux. Le climat, qui est le plus continental de France, est assez rude en hiver.

Les eaux s'écoulent vers la mer du Nord : 1° par la *Meuse*, issue du plateau de Langres; 2° par la *Moselle* et son affluent la *Meurthe*, issues des Vosges méridionales.

235. Ressources. — Dans la région de l'Est, l'agriculture (blé, vin) n'est pas très florissante. Au contraire, l'industrie, en particulier la *métallurgie*, est très active, à cause de l'abondance des *minerais de fer*; le département de Meurthe-et-Moselle est le premier de tous pour la production des fers, fontes et aciers.

Cette région est admirablement pourvue de canaux (*canal de l'Est, canal de la Marne au Rhin*) et de voies ferrées (lignes de *Paris à Longwy*, de *Paris à Nancy*, de *Paris à Belfort*).

236. Populations. — La région de l'Est est un pays de transition entre la France

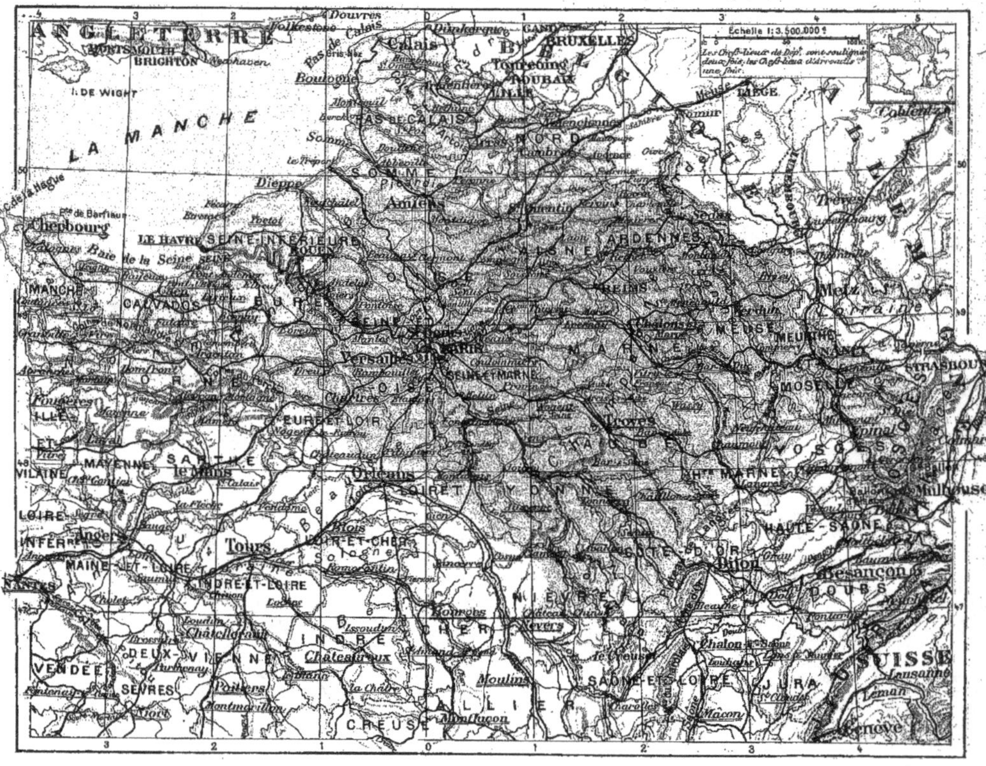

Pays de la Loire, Normandie et France du Nord-Est.

et l'Allemagne. Sa vie au Moyen-Age fut une perpétuelle bataille. Cet état de lutte a gravé son empreinte sur toute la contrée. On y voit peu de fermes isolées ; les hommes vivent groupés en villages et bourgs, afin de se mieux soutenir et défendre.

Les Lorrains sont un peuple brave, sérieux, héroïque ; ils ont ce patriotisme ardent qu'avive le contact avec l'étranger.

La région de l'Est est, du moins dans sa partie industrielle, plus peuplée que la moyenne de la France (Meurthe-et-Moselle, 91 hab. par kilom. carré).

237. Départements et villes. — Les anciennes provinces de cette région sont la *Lorraine*, une partie de la *Champagne*, et ce qui nous reste de l'*Alsace*.

Les départements sont :

ARDENNES, ch.l. *Mézières*, sur la Meuse ; — s.-pr. *Rocroy*, *Sedan*, draps fins ; *Rethel*, *Vouziers* ; — autres villes, *Charleville*, en face de Mézières ; *Fumay*, ardoisières.

HAUTE-MARNE, ch.-l. *Chaumont* ; — s.-pr. *Vassy*, *Langres*, place forte ; — autre ville, *Saint-Dizier*, hauts fourneaux.

MEUSE, ch.-l. *Bar-le-Duc*, confitures ; — s.-pr. *Montmédy*, *Verdun*, sur la Meuse, place forte ; *Commercy*.

MEURTHE-ET-MOSELLE, ch.-l. **Nancy** (102 000 h.), sur la Meurthe, ancienne capitale de la Lorraine, cour d'appel, université, chef-lieu du 20ᵉ corps d'armée, belle ville, avec une banlieue industrielle ; — s.-pr. *Briey*, *Toul*, place forte, *Lunéville* ; — autres villes, *Baccarat*, cristaux ; *Cirey*, forges ; *Longwy*, aciéries.

VOSGES, ch.-l. *Épinal*, sur la Moselle, place forte, papeteries, tissages ; — s.-pr. *Neufchâteau*, *Mirecourt*, *Saint-Dié*, tissages ; *Remiremont* ; — autres villes, *Plombières*, *Contrexéville*, eaux minérales.

TERRITOIRE DE BELFORT, ch.-l. *Belfort*, place forte, filatures, métallurgie.

Exercices.

Questionnaire. — 226-229. Qu'est-ce que la région du Nord ? Quel en est le relief, le climat ? Quels cours d'eau l'arrosent ? Décrire ses côtes. — Quelles sont ses ressources diverses ? Citer ses principales voies ferrées. — La région du Nord est-elle très peuplée ? Quelle est la langue particulière qu'on y parle en quelques endroits ? — Citer les départements, les grandes villes industrielles, les trois plus grands ports. — Que savez-vous de Lille ?

230-233. Qu'est-ce que la région Parisienne ? Quelle est sa forme ? Quels sont ses cours d'eau principaux ? ses ressources ? — Quelles anciennes provinces comprend-elle ? Quels départements y sont situés ? — En citer les villes principales sur l'Yonne, dans la vallée de la Seine, dans celle de la Marne, dans celle de l'Oise. — Que savez-vous de Paris ? Citer les principales agglomérations de sa banlieue.

234-237. Que comprend la région de l'Est ? Quels sont ses cours d'eau ? ses ressources ? ses canaux ? ses voies ferrées ? — Citer les départements de cette région.

LIVRE V
LES COLONIES FRANÇAISES.

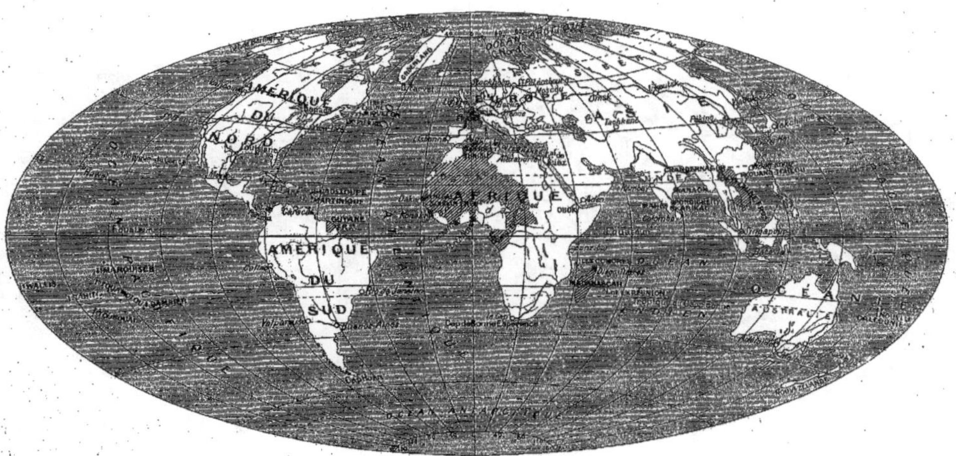

Planisphère des Colonies françaises.

CHAPITRE I

L'EMPIRE COLONIAL FRANÇAIS

238. Colonies et protectorats. — La France possède, en dehors de l'Europe, différents pays formant des colonies ou des protectorats.

Une *colonie* est un territoire que le pays possesseur, ou métropole, administre et régit à sa guise.

Un *protectorat* est un territoire soumis moins étroitement à la métropole. Ses actes et ses fonctionnaires sont placés sous le contrôle de l'État protecteur, mais il conserve son administration et son gouvernement particulier.

239. Étendue actuelle de l'empire colonial français. — L'empire colonial actuel de la France comprend principalement :

1° En Afrique :

    L'Algérie-Tunisie;
    Le Soudan français;
    Le Congo français;
    Madagascar et la Réunion;
    Obok.

2° En Asie :

    L'Inde française (5 territoires);
    L'Indo-Chine française { Cochinchine; Cambodge; Annam; Tonkin;

3° En Amérique :

    Saint-Pierre et Miquelon;
    La Guadeloupe;
    La Martinique;
    La Guyane française;

4° En Océanie :

    La Nouvelle-Calédonie;
    Tahiti.

En résumé, l'empire colonial français mesure 6 100 000 kilomètres carrés (11 fois la France) et compte 42 millions d'habitants (France 38 millions). L'Angleterre et la Russie sont les seuls États ayant plus de dépendances hors d'Europe.

Anglais 22 Millions de Kq. — Russe 16 Millions de Kq. — Français 6 Mill. de Kq. — Allemand 2,5 Mill. de Kq.

Comparaison des empires coloniaux français, anglais, allemand et russe, hors d'Europe.

240. 1re Lecture : Formation de l'empire colonial français. — La France possède des colonies importantes depuis Richelieu et Colbert, au xviie siècle.

Au xviiie siècle, elle possédait un grand empire colonial comprenant l'*Inde*, en Asie, le *Canada* et la *Louisiane*, en Amérique. Elle les perdit par le traité de Paris, sous Louis XV, en 1763. La Louisiane, rendue plus tard à la France et qui comprenait la moitié des États-Unis actuels, fut cédée de nouveau par Bonaparte, premier consul.

Au xixe siècle, la France a reconstitué un nouvel empire colonial par la conquête de l'*Algérie*, sous Louis-Philippe; l'occupation de la *Cochinchine*, sous Napoléon III; l'annexion de la *Tunisie*, du *Tonkin* et de *Madagascar*, sous la troisième République.

241. 2e Lecture : Coup d'œil sur l'empire colonial français. — La plupart des colonies françaises sont situées dans la zone tropicale. Elles ont un climat chaud et humide, par conséquent malsain. Les Français y contractent souvent de graves maladies, fièvre, anémie, dysenterie, s'ils n'ont pas soin d'y observer une hygiène particulière. Aussi la plupart des colonies françaises ne permettent-elles pas aux colons français de s'y établir en grand nombre.

Par contre, si la plupart de nos colonies sont malsaines, elles ont une végétation riche et éclatante. Le cotonnier, le caféier, la canne à sucre, y croissent en abondance; ce sont là des richesses importantes qui constituent une grande ressource pour notre pays.

Seules parmi nos colonies, l'Algérie-Tunisie, la Nouvelle-Calédonie, le Tonkin et les plateaux de Madagascar se rapprochent assez des climats d'Europe; nos colons peuvent donc s'y acclimater assez vite; la mortalité n'y est pas pour eux sensiblement plus forte qu'en Europe.

Exercices.

Questionnaire. — 238-241. Qu'est-ce qu'une colonie? un protectorat? — Citer les pays actuellement soumis à la France : en Afrique, en Asie, en Amérique, en Océanie. — Combien l'empire colonial français compte-t-il d'habitants? — Quelles furent les premières grandes colonies françaises? Quand furent-elles perdues? Quand ont été acquises les principales colonies actuelles? — Dans quelle zone se trouvent la plupart des colonies françaises? Citer les colonies qui ont le climat le plus favorable.

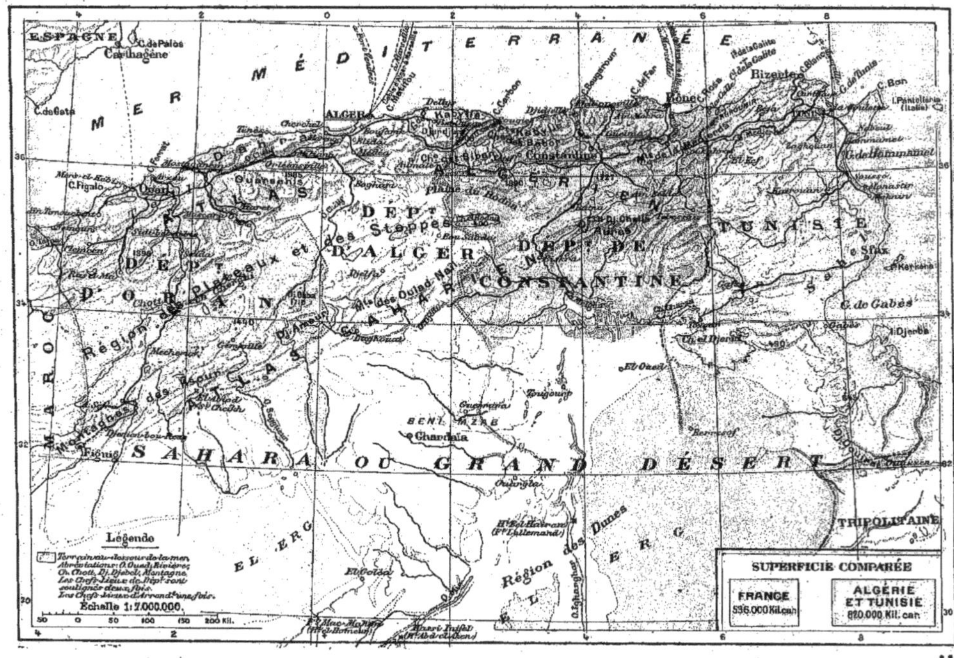

Algérie-Tunisie.

CHAPITRE II
L'ALGÉRIE-TUNISIE

242. Situation, étendue. — L'Algérie-Tunisie est située sur la côte méridionale de la Méditerranée, en face de la Provence et du Roussillon, à 800 kilomètres de la France.

Ses limites sont : à l'ouest, le *Maroc* ; au nord et à l'est, la *Méditerranée* ; au sud, le *Sahara*, possession française.

243. Relief. — L'Algérie-Tunisie est sillonnée de l'ouest à l'est par deux soulèvements montagneux parallèles : 1° l'**Atlas tellien**, voisin de la Méditerranée et comprenant les *monts de Tlemcen*, l'*Ouarsenis*, le *Djurdjura* (2 308 m.) ; — 2° l'**Atlas saharien**, plus au sud, avec l'*Aurès* (2 331 m.).

Les monts d'Algérie n'ont pas de neiges éternelles. En Tunisie, les deux Atlas, moins élevés qu'en Algérie, dépassent rarement 1 000 mètres.

244. Fleuves. — Les principaux fleuves de l'Algérie-Tunisie sont :

La *Macta*, à l'ouest ;

Le *Chélif*, long comme la Seine ;

La *Seybouse*, terminée par un delta ;

La *Medjerda*, qui naît en Algérie et se termine en Tunisie.

Tous ces fleuves sont des torrents ; ils ne sont pas navigables ; on les emploie à irriguer les terres riveraines.

245. Côtes. — L'Algérie-Tunisie est bornée par la mer au nord et à l'est. La côte septentrionale est rocheuse et découpée, mais les golfes sont trop ouverts aux vents du large. La côte orientale est sablonneuse, peu propre à la navigation.

Les principaux golfes sont :

Sur la côte septentrionale : le *golfe d'Oran*, à l'ouest ; le *golfe d'Alger*, au centre ; le *golfe de Bougie* et le *golfe de Bône*, à l'est ;

Sur la côte orientale : le *golfe de Tunis*, limité par le cap Bon ; le *golfe de Gabès*, avec l'île Djerba.

246. Climat. — L'Algérie a un climat méditerranéen, tiède et humide en hiver, chaud et sec en été.

La région voisine de la mer, étant baignée par les brises de la Méditerranée, a un climat plus doux que les régions intérieures qui sont plus sèches.

247. Lecture : Zones et ressources naturelles. — On distingue, en Algérie-Tunisie, trois zones naturelles : le Tell, les Hauts-Plateaux, le Sahara.

1° Le *Tell*, au nord, entre l'Atlas tellien et la mer, est une région de collines et de petites montagnes, semblable au Roussillon et à la Provence. On y trouve des forêts (chênes-lièges, thuyas, pins d'Alep, cèdres),

Une oasis algérienne.

des vergers d'arbres fruitiers (orangers, oliviers), des champs (blé et maïs), des vignes ;

2° Les *Hauts-Plateaux*, au centre, entre les deux Atlas, sont une région élevée, à l'humidité rare, au climat excessif : c'est par excellence une région de pâturages ; on y récolte un jonc, l'alfa, dont on confectionne des cordages, des chapeaux et du papier ;

3° Le *Sahara*, au sud de l'Atlas saharien, est une immense étendue de pierres et de sables, sans humidité, au climat extrême. Le sol y est aride et desséché, sauf dans le voisinage des sources où s'étendent des oasis ombragées de palmiers-dattiers.

GÉOGRAPHIE POLITIQUE DE L'ALGÉRIE

248. Administration. — L'Algérie a été conquise par la France de 1830 à 1848.

Elle est administrée par un gouverneur général civil qui réside à Alger. Elle forme, au point de vue militaire, le 19° corps d'armée. Au point de vue administratif, elle est divisée en trois départements, qui portent les noms de leurs chefs-lieux :

Alger : s.-préf., Tizi-Ouzou, Médéa, Miliana, Orléansville.

Oran : s.-préf., Mostaganem, Mascara, Sidi-bel-Abbès, Tlemcen.

Constantine : s.-préf., Bône, Philippeville, Bougie, Sétif, Guelma, Batna.

249. Population. — L'Algérie a 4774000 habitants dont 4100000 indigènes (Kabyles ou Berbères et Arabes). Le Tell seul est très peuplé.

250. Villes. — Presque toutes les villes sont situées dans le Tell.

La capitale est **Alger** (92000 hab.), archevêché, cour d'appel, université, chef-lieu du 19° corps d'armée.

Les autres villes principales sont : à l'ouest, *Oran* (80000 hab.), port très important, et *Sidi-bel-Abbès*, au centre d'une riche région agricole ; — au centre, *Miliana*, *Blida*, dans des régions de culture ; — à l'est, *Constantine* (46000 hab.), sur un rocher presque inaccessible, et les ports de *Bougie*, de *Philippeville* et de *Bône*.

Au sud de l'Algérie sont les oasis de *Laghouat*, de *Ghardaïa* et de *Biskra*.

251. 1re Lecture : Habitants de l'Algérie. — On distingue en Algérie les Kabyles ou Berbères, peuples indigènes, les Arabes, et les Européens.

Les *Kabyles* ou *Berbères*, descendent de la race qui habitait le pays dans l'antiquité. Vaincus par les Arabes au viiie siècle, ils parlent la langue arabe et ont adopté le mahométisme. Ils vivent surtout dans le Tell et sont agriculteurs et sédentaires. Ils s'accommodent bien de la civilisation européenne.

Les *Arabes* sont établis en Algérie depuis le viiie siècle ; ils sont surtout pasteurs et nomades, et habitent les Hauts-Plateaux ; ils supportent assez difficilement l'occupation française.

A côté des indigènes, on compte des Européens, colons établis dans le Tell : des *Français* au nombre de 346000, des *Espagnols* (150000), des *Italiens* et des *Maltais*.

252. 2e Lecture : Développement de l'Algérie. — L'Algérie a fait de grands progrès depuis l'occupation française.

Elle a maintenant 14000 kilomètres de routes et 3500 kilomètres de voies ferrées. La principale ligne, parallèle à la mer, unit *Oran à Alger et Constantine*, avec prolongement sur Tunis. Embranchements d'Oran sur Aïn-Sefra, de Constantine à Philippeville, sur

la mer, et de Constantine à Biskra, à l'entrée du désert.

L'Algérie possède des mines de fer, mais elle a encore peu d'industrie ; elle est surtout riche par l'agriculture. Elle importe des objets fabriqués, étoffes, outils, machines. Elle exporte des céréales, des vins, des moutons, des minerais, de l'alfa. Elle tend de plus en plus à devenir comme une petite France en face et près de la grande.

GÉOGRAPHIE POLITIQUE DE LA TUNISIE

253. Administration. — La Tunisie est placée depuis 1881, sous le protectorat de la France.

Elle a gardé son ancien gouvernement, son bey et ses anciens chefs ; mais, près d'eux, des fonctionnaires français surveillent les affaires, dirigent l'armée et la politique extérieure.

254. Population et Villes. — La Tunisie renferme 1900000 habitants, dont 1750000 indigènes (Kabyles et Arabes), 80000 Italiens, 35000 Français.

La capitale est **Tunis** (170000 hab.), grande ville et grand port, non loin des ruines de l'ancienne Carthage.

Les autres villes sont : *Bizerte*, belle rade, au nord ; *Kairouan*, ville sainte, et *Sousse*, au centre ; *Sfax* et *Gabès*, au sud.

La Tunisie a plusieurs voies ferrées, notamment celle qui unit Tunis à Alger. Ses produits sont agricoles et ressemblent à ceux de l'Algérie.

Exercices.

Questionnaire. — 242-247. Où est située l'Algérie-Tunisie ? A quelle distance de la France ? Quelles sont ses limites ? — Citer ses principales montagnes, ses principaux cours d'eau, ses principaux golfes. — Quel est le climat ? — Quelles sont les zones naturelles ? — Qu'appelle-t-on le Tell ? les Hauts-Plateaux ? le Sahara ?

248-252. Combien l'Algérie a-t-elle d'habitants ? — Qu'est-ce que les Kabyles ou Berbères ? les Arabes ? — Quels Européens y sont établis ? — Citer les principales villes. — Citer les trois départements algériens et dire leurs sous-préfectures. — Citer la principale voie ferrée. — En quoi consiste le commerce algérien à l'importation ? à l'exportation ?

253-254. Quelle est l'organisation administrative de la Tunisie ? — Le nombre de ses habitants ? des colons italiens et des colons français ? — Citer les principales villes.

Cartographie. — Dessiner la carte de l'Algérie ; de la Tunisie.

Devoir. — Décrire les principales ressources de l'Algérie-Tunisie.

CHAPITRE III

L'INDO-CHINE FRANÇAISE

255. Étendue. — L'Indo-Chine française comprend 4 pays : la *Cochinchine*, le *Cambodge*, l'*Annam*, le *Tonkin*. Son étendue est de 530000 kilomètres carrés et égale celle de la France.

Elle est située au sud-est de l'Asie, de 24 à 28 jours de navigation de Marseille.

256. Géographie physique. — 1° Le relief comprend deux parties : une partie montagneuse, formée de monts peu élevés, et une partie de plaines qui comprend deux grands deltas.

2° Les fleuves de l'Indo-Chine française sont : 1° au nord, le *Song-Koï* ou *Fleuve Rouge*, dont le delta forme le Tonkin ; 2° au sud, le *Mékong* ou *Cambodge*, dont le delta forme la Cochinchine.

Ces deux grands fleuves naissent l'un et l'autre en Chine. Ils ouvrent ainsi deux voies naturelles de pénétration vers ce pays. Malheureusement ils sont tous deux, surtout le Mékong, coupés de rapides qui gênent leur navigation.

3° Les côtes sont en général plates et marécageuses. Les ports sont situés sur le cours inférieur des fleuves à quelque distance de l'embouchure.

4° Le climat est chaud et humide, donc malsain. Le sud est d'ailleurs plus malsain que le nord. L'année se divise en deux saisons : la *saison des pluies*, de mars à septembre, et la *saison sèche*, de septembre à mars.

257. Géographie politique. — L'Indo-Chine française a 21 millions d'habitants. La majorité appartient à la race annamite, très rapprochée de la race chinoise par sa couleur, sa religion (le bouddhisme), sa civilisation.

La France s'y est établie graduellement de 1863 à 1885. Elle possède une partie du pays comme colonie, une autre comme protectorat.

Les bords du Mékong inférieur.

1° Le **Tonkin**, au nord, est une colonie. Il compte 12 millions d'habitants. Il a pour capitale *Hanoï* (150000 h.), sur le delta du Fleuve Rouge ; pour port principal, *Haïphong*.

2° L'**Annam**, au centre, est un protectorat. Il a 5 millions d'habitants.

Sa capitale est *Hué*, près de la côte ; sur la côte est le port de *Tourane*.

3° La **Cochinchine**, au sud, est une colonie. Elle a 1800000 habitants.

Sa capitale est *Saïgon*, à 24 jours de Marseille par le canal de Suez.

4° Le **Cambodge**, au nord-ouest de la Cochinchine, est un royaume protégé. Il a 1500000 habitants.

Capitale *Pnom-Penh* sur le Mékong.

258. 1re Lecture : Richesses de l'Indo-Chine française. — L'Indo-Chine française a des ressources agricoles importantes. Elle produit surtout beaucoup de riz. On y cultive également le coton, la

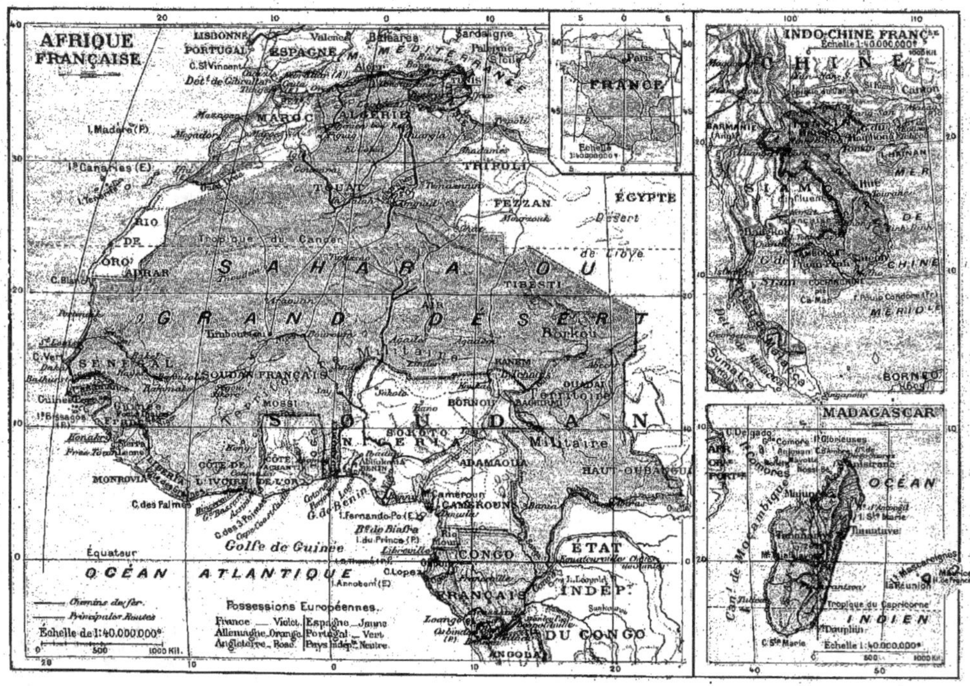

Afrique française, Indo-Chine française et Madagascar.

canne à sucre, le caféier, l'arbre à thé. Les montagnes sont chargées de forêts remplies d'essences précieuses pour la construction et l'ébénisterie, bois de teck, bois de fer.

L'Indo-Chine française recèle d'abondants gisements de houille. On y trouve aussi l'or, le fer, le cuivre, l'argent, le zinc. Le Tonkin est particulièrement riche.

Enfin, l'Indo-Chine ouvre au commerce français une voie de pénétration vers la Chine méridionale, qui est très riche et très peuplée.

259. 2° LECTURE : **Le Tonkin.** — Le Tonkin est la partie la plus prospère de l'Indo-Chine, en particulier la région du delta. Toute cette région, qui est formée de terres d'alluvions, est couverte de rizières, de champs de cannes et de prairies. Les villages s'y succèdent sans interruption. Le delta du Fleuve Rouge ne renferme pas moins de 300 à 400 habitants par kilomètre carré d'étendue : c'est en moyenne cinq fois plus d'habitants qu'en France.

Le Tonkin, qui est riche comme agriculture et qui possède de très importantes richesses minérales, est certainement un pays de grand avenir.

Exercices.

Questionnaire. — 255-259. Où est située l'Indo-Chine française? — A combien de jours de navigation de Marseille? — Nommer les quatre pays qui la composent, les deux fleuves qui l'arrosent. — Quel est son climat? — Quelles sont sa population et ses principales villes? — Quelles sont ses ressources agricoles? minérales? — Quelle est la partie la plus riche de l'Indo-Chine française?

Cartographie. — Dessiner la carte de l'Indo-Chine française.

Devoir. — Décrire le Tonkin; indiquer sa fertilité, ses ressources, sa population, ses principales villes.

CHAPITRE IV

COLONIES SECONDAIRES

COLONIES D'AFRIQUE

260. Outre l'Algérie-Tunisie, la France possède en Afrique : le *Soudan français*, le *Congo français*, *Madagascar*, la *Réunion* et *Obok*.

261. Soudan français. — Le Soudan comprend le *bassin supérieur et moyen du fleuve Niger*. Il s'étend, vers l'est, jusqu'au lac Tchad; à l'ouest et au sud, il touche à l'Atlantique par le *Sénégal*, la *Guinée française* et les *établissements du golfe de Guinée*. Presque tout le nord-ouest de l'Afrique est français.

C'est un pays de grandes plaines, au climat tropical. Les principaux produits sont les arachides, la gomme, le caoutchouc, l'huile de palme.

Il est arrosé par le fleuve *Sénégal*, malheureusement coupé de rapides, et par le *Niger*, très navigable de Bammako à Timbouctou, puis coupé aussi de rapides.

Les villes principales sont : dans le Soudan, *Bammako*, sur le Niger, et *Timbouctou*, près de ce fleuve; — dans le Sénégal, **Saint-Louis** (25 000 hab.) et *Dakar*, port à 8 jours de Bordeaux; — sur la côte, plus au sud, *Konakry*, *Grand-Bassam*, et *Cotonou*.

262. Congo français. — Le Congo est l'ancien établissement du *Gabon*, étendu à l'est jusqu'au fleuve Congo, puis prolongé, au nord-est, jusqu'au lac Tchad.

C'est un pays montagneux; il est arrosé par le fleuve *Ogooué*. Les principaux objets de commerce sont l'ivoire, le caoutchouc, le bois de teinture.

Les trois établissements principaux sont : *Libreville*, sur la côte ; *France-ville*, à la source de l'Ogooué ; *Brazza-ville*, sur le Congo.

Village indigène dans le Congo français.

263. Madagascar. — Madagascar, au sud-est de l'Afrique, dans l'océan Indien, est une grande île, un peu plus étendue que la France.

Elle se compose de montagnes moyennes et de plateaux. Ses côtes sont basses et bordées de lagunes, sauf au nord (*baies de Diego-Suarez et de Majunga*). La principale rivière est la *Betsiboka*.

Madagascar a un climat tropical, chaud, humide et malsain sur les côtes ; les plateaux de l'intérieur sont plus tempérés et plus sains. L'île a de belles forêts et produit du riz, du café, des cannes à sucre, des céréales. Elle possède de la houille et des minerais.

Elle a 5 millions d'habitants. Sa capitale est **Tananarive**, à l'intérieur. Les deux ports principaux sont *Tamatave*, à l'est, et *Majunga*, au nord-ouest.

Près de Madagascar, la France possède les îles *Mayotte*, *Nossi-Bé* et *Comores*, au nord-ouest.

264. La Réunion. — La Réunion est une petite île montagneuse, située à l'est de Madagascar dans l'archipel des Mascareignes. Elle produit la canne à sucre et le café.

Elle a 173 000 habitants. Son chef-lieu est *Saint-Denis*, sur la côte nord.

265. Obok. — Obok est un petit territoire à la sortie de la mer Rouge.

Le chef-lieu est *Djibouti*, port de relâche, d'où part une voie ferrée menant en Éthiopie.

COLONIES D'ASIE

266. Outre l'Indo-Chine orientale, la France possède en Asie cinq petites colonies dans l'Inde.

267. Inde française. — L'Inde française comprend cinq petits territoires ayant 273 000 habitants.

Le principal est **Pondichéry**, sur la côte orientale, ou côte de Coromandel, non loin de la ville anglaise de Madras.

Les autres sont : sur la côte est, *Chandernagor*, *Yanaon* et *Karikal* ; sur la côte ouest, ou côte de Malabar, *Mahé*.

COLONIES D'AMÉRIQUE

268. La France possède, en Amérique, *Saint-Pierre et Miquelon*, la *Martinique*, la *Guadeloupe* et la *Guyane française*.

269. Saint-Pierre et Miquelon. — Saint-Pierre et Miquelon sont deux îlots voisins de Terre-Neuve, où nos marins bretons et normands vont pêcher la morue.

270. Martinique. — La Martinique est une île des Antilles. Son sommet principal est la *Montagne Pelée*. Elle a un climat humide et chaud, et produit des bois précieux, la canne à sucre, du café, de la vanille.

Sa population est de 189 000 habitants. Ses villes principales sont *Fort-de-France*, le chef-lieu, et *Saint-Pierre*.

271. Guade-loupe. — La Guadeloupe est située aussi dans les Antilles, au nord de la Martinique. Elle est volcanique, a même climat et mêmes produits que la Martinique.

Elle a 190 000 habitants.

Ses principales villes sont *Basse-Terre* et *Pointe-à-Pitre*.

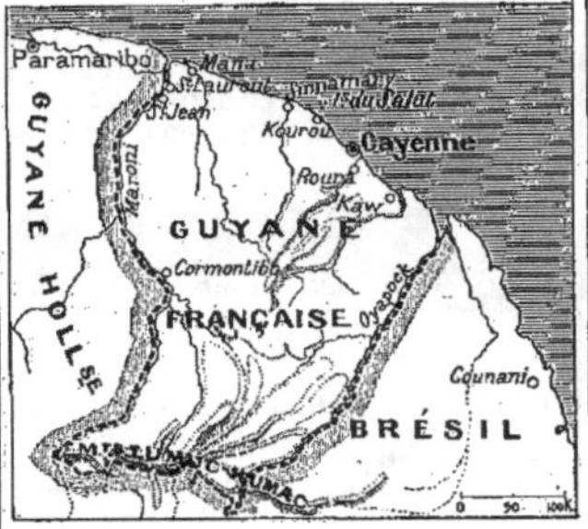

La Guadeloupe et la Martinique.

272. Guyane française. — La Guyane française, au nord-est de l'Amé-

Guyane française.

rique du Sud, est très chaude et humide, très malsaine. Son fleuve principal est le *Maroni*.

La Guyane a des forêts d'acajou et autres bois précieux, mais peu de cultures. Elle renferme des gisements d'or. C'est une colonie pénitentiaire.

La Guyane (29 000 hab.) a pour chef-lieu *Cayenne*, bâtie dans une petite île qui borde la côte.

COLONIES D'OCÉANIE

273. La France possède en Océanie de nombreux archipels ou îlots, dont deux principaux, la *Nouvelle-Calédonie* et *Tahiti*.

274. Nouvelle-Calédonie. — La Nouvelle-Calédonie, à l'est de l'Australie, est grande 2 fois comme la Corse.

C'est une île au climat tempéré et sain. Elle produit les légumes, le café,

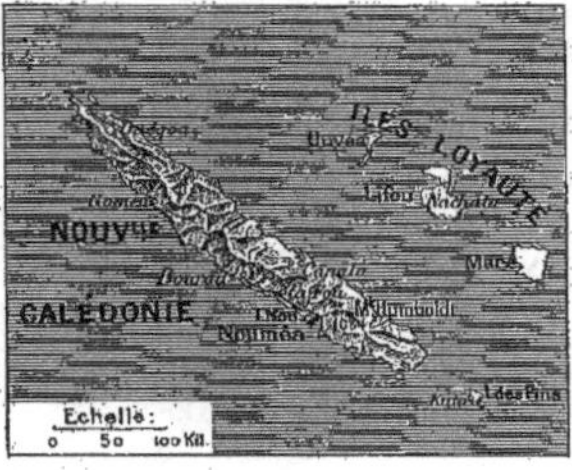

La Nouvelle-Calédonie.

et possède des minerais, surtout du nickel. C'est une colonie pénitentiaire.

A l'est de la Nouvelle-Calédonie sont les *îles Loyauté*, et, au sud, l'*île des Pins*, qui appartiennent à la France.

La Nouvelle-Calédonie a 70 000 hab., dont 12 000 indigènes (Canaques).

Sa capitale est **Nouméa**, sur la côte du sud-ouest.

274 bis. Tahiti. — Tahiti, île principale de l'archipel de la Société, en Polynésie, a un climat chaud et humide, une végétation luxuriante (12 000 hab.).

Sa capitale est *Papeiti*.

A la France appartiennent encore les *îles Marquises*, *Tuamotou*, *Gambier*.

Exercices.

Questionnaire. — 260-265. Énumérer les colonies françaises en Afrique. — Que comprend le Soudan français ? Quels fleuves l'arrosent ? Citer les villes principales. — Qu'est-ce que le Congo français ? Nommer son fleuve principal, ses postes principaux. — Où est située Madagascar ? Quelles sont ses ressources, sa population, sa capitale, ses ports ? — Qu'est-ce que l'île de la Réunion ? — Qu'est-ce que la colonie d'Obok ? A quel État africain touche-t-elle ?

266-267. Énumérer les cinq comptoirs français de l'Inde. Quel en est le principal ?

268-272. Citer les colonies françaises en Amérique. — Qu'est-ce que Saint-Pierre et Miquelon ? Où sont situées la Martinique et la Guadeloupe ? Quels sont leurs produits principaux ? leurs villes principales ? — Qu'est-ce que la Guyane française ? Quelle est sa capitale ?

273-274. Quelles sont les principales colonies françaises en Océanie ? — Que savez-vous de la Nouvelle-Calédonie ? Quelle est sa capitale ? — Quelle est la capitale de Tahiti ?

Cartographie. — Faire la carte des colonies françaises d'Afrique.

LES CINQ PARTIES DU MONDE

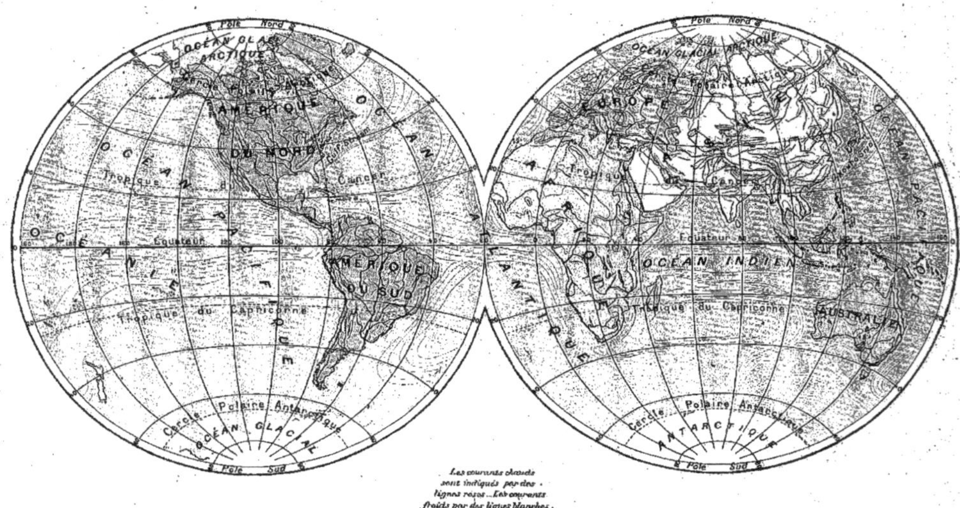

Mappemonde.

275. Dimensions de la Terre. — La Terre a une superficie de 510 millions de kilomètres carrés.

Les continents en occupent 136 millions et les océans 374 millions. La surface de notre globe comprend donc un quart de terres et trois quarts de mers.

Les terres sont plus nombreuses dans l'hémisphère boréal que dans l'hémisphère austral.

276. Continents et parties du monde. — Les terres forment, au milieu des océans, trois grandes masses qu'on nomme *Ancien Continent, Nouveau Continent, Continent Austral.*

1° L'**Ancien Continent**, le plus vaste, s'étend surtout de l'ouest à l'est; la plus grande partie (7/8) est située dans l'hémisphère nord.

Il comprend 3 parties du monde :

L'Europe	10 000 000 kil. car.
L'Asie	42 500 000 —
L'Afrique	29 800 000 —

2° Le **Nouveau Continent** fut découvert en 1492 par Christophe Colomb. Il s'étend en longueur du sud au nord; les 2/3 en sont situés dans l'hémisphère nord. Il comprend une partie du monde, l'Amérique, divisée en deux parties :

L'Amérique du Nord	23 000 000 kil. car.
L'Amérique du Sud	17 800 000 —

3° Le **Continent Austral,** ainsi nommé parce qu'il s'étend tout entier dans l'hémisphère austral, comprend l'Australie, et une infinité d'îles et d'archipels, qui forment une seule partie du monde :

L'Océanie	12 000 000 kil. car.

277. Mers et océans. — La surface des mers forme une masse d'eau ininterrompue qui est tantôt largement étalée, tantôt resserrée entre les terres.

On la divise en cinq grandes parties ou océans.

Océans Glacials Océan Pacifique Océan Atlantique Océan Indien
Arctique Antarctique

Superficie comparée des 5 océans.

Océan Glacial Arctique	15 000 000 k. car.
Océan Glacial Antarctique	21 000 000 —
Océan Atlantique	89 000 000 —
Océan Pacifique	175 000 000 —
Océan Indien	74 000 000 —

Les **Océans glacials** sont situés aux abords des pôles; ils sont couverts d'énormes blocs de glaces ou *banquises.* Celui du Nord est borné par une ceinture de terre; celui du Sud est très largement ouvert, et communique librement avec les autres océans.

L'océan **Pacifique** s'étend entre l'Amérique, l'Asie et l'Australie. C'est le plus vaste et aussi le plus profond. Le fond s'y abaisse à plus de 9 000 mètres. On l'appelle *Pacifique* parce que les tempêtes y sont relativement moins fréquentes que dans les autres océans.

L'océan **Atlantique** s'étend entre l'Europe et l'Afrique à l'est, et l'Amérique à l'ouest. Un courant chaud, le *Gulf-Stream,* le parcourt du golfe du Mexique jusqu'à l'Europe occidentale qu'il réchauffe et qui lui doit d'avoir une température plus élevée que la latitude ne le laisserait supposer.

L'océan **Indien** est situé entre l'Asie, l'Afrique et l'Australie.

Exercices.

Questionnaire. — 275. Quelle est la superficie de la terre? — Les océans sont-ils plus étendus ou moins étendus que les continents?

276. Nommer les trois continents. — Quelles parties du monde a formées l'Ancien Continent? — Qu'est-ce que le Nouveau Continent? Qui l'a découvert? — Qu'est-ce que le Continent Austral? — Quel est le plus vaste des Continents? — Quelle est la plus grande des parties du monde? la plus petite?

277. Nommer les cinq grands océans. — Lequel est le plus vaste? — Quelle profondeur atteignent les océans? — Donner la situation des cinq grands océans.

Cartographie. — Dessiner la mappemonde en indiquant la place des parties du monde et des grands océans.

CHAPITRE I

EUROPE PHYSIQUE

278. Bornes, étendue. — L'Europe est la plus petite des cinq parties du monde. Elle a 10 millions de kilomètres carrés, soit 18 fois l'étendue de la France.

Ses bornes sont : au nord, *l'océan Glacial Arctique* ; — au nord-ouest et à l'ouest, *l'océan Atlantique* ; — au sud, la *Méditerranée* ; — à l'est, les *monts Oural*, la mer *Caspienne* et le *Caucase*.

RELIEF DU SOL

279. Montagnes. — Les principales montagnes de l'Europe sont :

1° Les **Alpes**, qui couvrent tout le centre et atteignent 4 810 mètres au *Mont-Blanc*, la montagne la plus élevée de l'Europe entière ;

2° Les **Pyrénées**, situées à l'ouest, entre la France et l'Espagne ;

3° Les **Alpes Scandinaves**, situées au nord, dans la péninsule scandinave ;

4° Les **Karpates**, situées au nord-est des Alpes ;

5° Le **Caucase**, situé entre la mer Noire et la mer Caspienne ;

6° Les **Apennins**, qui traversent l'Italie du nord au sud.

280. Plaines. — Les plaines forment presque toute la moitié septentrionale et orientale de l'Europe.

La principale est la grande *plaine de Russie*, qui est presque absolument plate.

281. 1ʳᵉ Lecture : Importance de la situation de l'Europe. — L'Europe est la plus petite des cinq parties du monde. L'Océanie est un peu plus étendue ; l'Afrique est trois fois plus grande ; l'Amérique est quatre fois et l'Asie un peu plus de quatre fois plus grande.

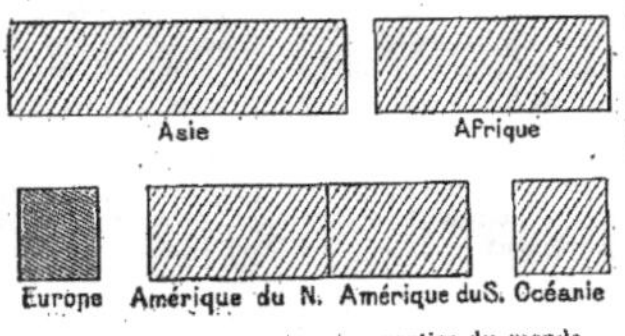

Superficie comparée des cinq parties du monde.

Mais l'Europe, qui est située entre le 36ᵉ degré et le 71ᵉ degré de latitude nord, est la seule des parties du monde qui soit presque entièrement comprise dans la zone tempérée, la plus favorable de toutes pour le développement de la civilisation.

282. 2ᵉ Lecture : Le relief de l'Europe. — Très compliqué en apparence, le relief de l'Europe présente, en réalité, une disposition assez simple. On peut dire, en effet, que l'Europe est presque entièrement montagneuse dans sa moitié méridionale, tandis que sa moitié septentrionale est presque entièrement formée de plaines.

Principales montagnes de l'Europe.

A l'exception des montagnes peu élevées d'Irlande, d'Angleterre et d'Écosse (*Mᵗˢ Grampians*), ainsi que des Alpes Scandinaves, qui sont plus hautes et portent de vastes glaciers, toutes les montagnes européennes sont situées au centre et au sud. Ce sont, dans la péninsule Ibérique, les *Pyrénées* et la *Sierra Nevada*, moins importante par sa situation, mais plus élevée que les *Pyrénées* ; en France, le *Massif central*, le *Jura* et les *Vosges* ; dans l'Europe centrale, les *Alpes* et les *Karpates* ; dans la péninsule d'Italie, les *Apennins* ; dans la péninsule des Balkans, les *Balkans* et les *Alpes Dinariques*.

L'Europe a peu de volcans. Les trois principaux sont : l'*Etna*, en Sicile ; le *Vésuve*, en Italie, et l'*Hécla*, en Islande. L'Etna et le Vésuve ont encore des éruptions assez fréquentes.

Les plaines sont rares dans le sud et le centre de l'Europe ; on n'en trouve que dans le nord de l'Italie, où s'étend la *plaine de Lombardie*, arrosée par le Pô, et sur le moyen Danube, où se trouve la *plaine de Hongrie*. Au contraire, la France du Nord-Ouest, la partie orientale des Iles Britanniques, les Pays-Bas, l'Allemagne du Nord et la Russie ne forment qu'une seule et immense plaine, ininterrompue de la mer du Nord aux monts Oural.

Exercices.

Questionnaire. — 278. Quelles sont les bornes de l'Europe ? — Quelle est son étendue ? — Quelle est sa grandeur comparée à celle des autres parties du monde ?

279-282. Citer les principales chaînes de montagnes de l'Europe. — Indiquer leur emplacement relativement aux Alpes. — Quelles sont les principales plaines ?

Cartographie. — Dessiner la carte de l'Europe en indiquant les limites et les montagnes.

MERS ET LITTORAL

283. Mers principales. — L'Europe a trois mers principales :

1° L'océan **Glacial Arctique**, situé au nord de l'Europe ;

2° L'océan **Atlantique**, qui baigne l'Europe au nord-ouest et à l'ouest, du cap Nord au détroit de Gibraltar ;

3° La **Méditerranée**, qui baigne l'Europe, au sud, du détroit de Gibraltar jusqu'au Caucase.

284. Mers secondaires. — L'Europe a un très grand nombre de mers secondaires :

1° L'océan Glacial forme la mer **Blanche**, qui reste gelée huit mois de l'année ;

2° L'océan Atlantique forme la mer **Baltique**, où l'on entre par les détroits du Danemark ; la mer du Nord ; la **Manche**, qui communique avec la mer du Nord par le Pas-de-Calais, et la mer d'Irlande ;

3° La Méditerranée forme la mer **Tyrrhénienne** ; la mer **Adriatique** ; la mer **Ionienne** ; l'**Archipel** ; la mer de **Marmara**, où l'on entre par le détroit des Dardanelles ; la mer **Noire**, où l'on entre par le détroit du Bosphore ; la mer **d'Azov** ;

4° L'Europe a, en outre, au sud-est, la mer **Caspienne**, qui ne communique avec aucune autre mer.

285. Iles. — Les principales îles de l'Europe sont :

1° Dans la mer Baltique, l'Archipel danois, à l'entrée de cette mer ;

2° Dans l'océan Atlantique, l'Archipel britannique et l'Islande ;

3° Dans la Méditerranée, la Corse, la Sardaigne, la Sicile.

286. Presqu'îles. — L'Europe a quatre grandes presqu'îles :

1° Au nord, la péninsule **scandinave**, entre l'océan Atlantique et la mer Baltique ;

2° Au sud-ouest, la péninsule **ibérique** (Espagne et Portugal), entre l'océan Atlantique et la Méditerranée ;

3° Au sud, la péninsule **italique**, au centre de la Méditerranée ;

4° Au sud-est, la péninsule des **Balkans**, entre les mers Adriatique, Ionienne, de l'Archipel et Noire.

287. Lecture : Les mers de l'Europe. — L'Europe est baignée par un grand nombre de mers qui découpent ses contours et pénètrent fort avant dans sa masse. Aucune partie du monde ne possède autant de côtes proportionnellement à son étendue.

Aussi, nulle part la vie maritime n'est-elle plus développée. Cette circonstance a favorisé pour une grande partie le développement plus rapide de la civilisation.

On remarquera, d'ailleurs, que c'est surtout la moitié occidentale qui présente un grand nombre de découpures. La moitié orientale, occupée par la Russie, est bien plus massive.

Exercices.

Questionnaire. — 283-287. Quelles sont les principales mers de l'Europe ? les mers secondaires ? les principaux détroits ? les principales îles ? les principales presqu'îles ?

Cartographie. — Dessiner la Méditerranée ; indiquer les mers secondaires, les principales îles, les détroits et les presqu'îles.

COURS D'EAU

288. Versants. — L'Europe a trois versants principaux qui sont : le *versant de l'océan Atlantique*, le *versant de la Méditerranée* et le *versant de la mer Caspienne*.

289. Versant de l'Atlantique. — Le versant de l'Atlantique a pour fleuves principaux : la **Vistule** et l'**Oder**,

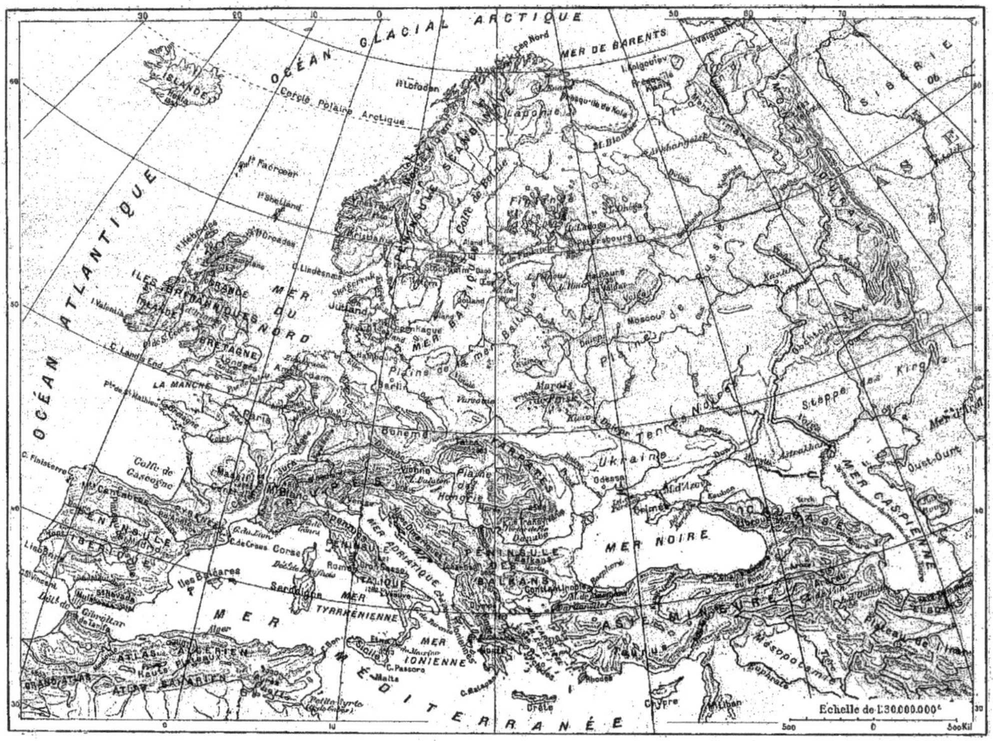

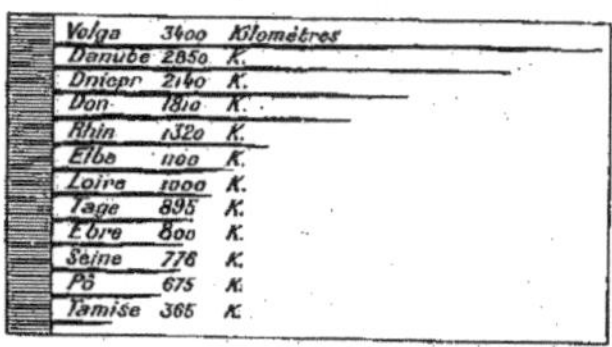

Europe physique.

qui se jettent dans la mer Baltique ; — l'**Elbe**, le **Rhin** et la **Tamise**, qui se jettent dans la mer du Nord ; — la **Seine**, qui se jette dans la Manche ; — la **Loire**, la **Garonne** et le **Tage**, qui se jettent dans l'océan Atlantique proprement dit.

290. Versant de la Méditerranée. — Le versant de la Méditerranée a pour fleuves principaux : l'**Èbre** et le **Rhône**, qui se jettent dans la Méditerranée occidentale ; — le **Pô**, qui se jette dans l'Adriatique ; — le **Danube** et le **Dniepr**, qui se jettent dans la mer Noire ; — le **Don**, qui se jette dans la mer d'Azov.

291. Versant de la mer Caspienne. — Le versant de la mer Caspienne n'a qu'un grand fleuve, la **Volga**, qui est le plus long de tous les fleuves de l'Europe.

292. Lecture : Les fleuves de l'Europe. — Les fleuves de l'Europe, bien que plus longs et roulant plus d'eau que les principaux fleuves français, sont peu importants encore relativement à ceux de quelques-unes des autres parties du monde.

Volga	*3400*	*Kilomètres*
Danube	*2850*	*K.*
Dniepr	*2140*	*K.*
Don	*1810*	*K.*
Rhin	*1320*	*K.*
Elbe	*1100*	*K.*
Loire	*1000*	*K.*
Tage	*895*	*K.*
Ebre	*800*	*K.*
Seine	*776*	*K.*
Pô	*675*	*K.*
Tamise	*365*	*K.*

Longueur comparée des principaux fleuves d'Europe.

Les trois fleuves les plus importants d'entre eux sont : 1° la **Volga**, qui n'a pas moins de 3400 kilomètres de longueur et offre de grandes facilités à la navigation, sauf pendant l'hiver où elle est gelée ; malheureusement elle aboutit à une mer sans communication avec les autres ; — 2° le **Danube**, qui naît dans l'Allemagne occidentale ; il traverse l'Autriche, la Hongrie, la péninsule des Balkans, pour se jeter dans la mer Noire ; — 3° le **Rhin**, qui est moins long que les deux fleuves précédents, mais doit une grande importance à sa situation ; il naît, en effet, en Suisse, dans les Alpes, traverse l'Allemagne occidentale et se jette dans la mer du Nord, après avoir arrosé les Pays-Bas.

Exercices.

Questionnaire. — 288-292. Combien y a-t-il de versants principaux en Europe ? — Quels sont les principaux fleuves du versant de l'Atlantique et de ses mers secondaires ? de la Méditerranée ? de la mer Caspienne ? — Quel est le fleuve le plus long de l'Europe ? Quels sont les deux fleuves les plus importants avec la Volga ?

Devoirs récapitulatifs. — Aller par mer de Saint-Pétersbourg au Havre ; dire les mers et les détroits traversés, les îles rencontrées dans la traversée, les fleuves en face de l'embouchure desquels on passe. — Aller de même, par mer, de Copenhague à Constantinople. — On peut imaginer de nombreux voyages semblables.

Cartographie. — Dessiner la carte de l'Europe en indiquant les mers et les fleuves.

CHAPITRE II

EUROPE POLITIQUE

I. NOTIONS GÉNÉRALES

293. Population. — L'Europe renferme 380 millions d'habitants, le quart de la population du globe. Elle compte environ 38 habitants en moyenne par kilomètre carré d'étendue.

Ces habitants appartiennent principalement à trois races qui sont : 1° la *race latine*, Grecs, Italiens, Espagnols, Portugais, Français ; — 2° la *race germanique*, Allemands, Hollandais, Anglais, Scandinaves ; — 3° la *race slave*, Russes.

Les peuples de l'Europe professent principalement trois religions : 1° le *catholicisme romain*, Italie, Espagne, Portugal, France, Belgique, Allemagne du Sud, Autriche ; — 2° le *protestantisme*, Allemagne du Nord, Scandinavie, Hollande, Angleterre ; — 3° la *religion grecque orthodoxe*, Russie, péninsule des Balkans.

294. États et gouvernements. — L'Europe comprend 20 États.

Les États de l'Europe ont des formes de gouvernement très diverses. On compte parmi eux : *deux républiques*, France, Suisse ; *quatre empires*, Russie, Allemagne, Autriche-Hongrie, Turquie ; *douze royaumes* ; enfin *deux principautés*.

295. Lecture : Les grandes puissances. — Six États européens l'emportent de beaucoup sur les autres en importance. C'est de leur accord ou de leur mésintelligence que dépend la paix de l'Europe.

Population comparée de quelques pays d'Europe.

On dit, pour cette raison, qu'ils forment le *concert européen*.

Ces six États principaux sont :

Russie . . . . 103 millions d'hab.
Allemagne . . . . 56 — —
Autriche-Hongrie . . . 46 — —
Royaume-Uni (I. Brit.) . 41 — —
France . . . . 39 — —
Italie . . . . 32.5 — —

Exercices.

Questionnaire. — 293-295. Combien l'Europe a-t-elle d'habitants ? A combien de races principales appartiennent-ils ? Quelles sont les religions qu'ils professent ? — Combien l'Europe a-t-elle d'États ? Quelles sont leurs principales formes de gouvernement ? — Qu'appelle-t-on le concert européen ? Nommer les six puissances qui le composent.

Cartographie. — Dessiner la carte d'Europe en indiquant l'emplacement des six grandes puissances européennes.

II. EUROPE MÉRIDIONALE

296. L'Europe méridionale comprend la péninsule des Balkans, l'Italie, l'Espagne et le Portugal.

297. Péninsule des Balkans. — La péninsule des Balkans renferme six États, savoir :

1° La **Turquie d'Europe**, qui a pour capitale **Constantinople** (850 000 hab.), grand port sur le Bosphore ; — on peut citer encore *Salonique*, grand port sur l'Archipel ;

2° La **Roumanie**, cap. *Bukarest* ;
3° La **Serbie**, — *Belgrade* ;
4° Le **Monténégro**, — *Cettinyé* ;
5° La **Bulgarie**, — *Sofia* ;
6° La **Grèce**, — *Athènes*.

298. Italie. — L'Italie a 32 500 000 habitants : c'est une des six grandes puissances européennes. Elle forme un royaume. Ses habitants professent le catholicisme.

Sa capitale est **Rome** (473 000 hab.), résidence du roi d'Italie et du pape.

Les autres grandes villes sont : dans le nord, *Turin* et *Milan*, au pied des Alpes ; *Venise* et *Gênes*, grands ports ; — dans le centre, *Florence* ; — au sud, *Naples* (572 000 hab.), grand port au pied du Vésuve.

299. Espagne. — L'Espagne occupe les 4/5 de la péninsule Ibérique et compte 18 millions d'habitants. C'est un royaume. Les Espagnols sont catholiques.

La capitale est **Madrid** (512 000 hab.), au centre de l'Espagne.

Les autres grandes villes sont : sur la Méditerranée, *Barcelone*, port important, et *Valence*, oranges ; — près de l'Atlantique, *Séville*, ville industrielle.

300. Portugal. — Le Portugal (5 100 000 hab.) occupe la partie occidentale de la péninsule Ibérique. C'est un royaume.

Sa capitale est **Lisbonne** (301 000 h.), port à l'embouchure du Tage ; — autre ville, *Porto*, vins, sur le Douro.

301. Lecture : Ressources des États de l'Europe méridionale. — Les États de l'Europe méridionale ont des ressources très diverses :

1° La péninsule des **Balkans** est encore peu civilisée. Toutefois la Roumanie produit beaucoup de céréales qui s'exportent par le Danube ; la Grèce vend des vins, des huiles d'olives et beaucoup de raisins secs.

2° L'**Italie** a surtout des ressources agricoles. Elle produit principalement des soies grèges, du vin, du riz et des huiles d'olives. Sa marine est très importante. Son industrie est beaucoup moins développée.

L'Italie possède, en Afrique, la *colonie Érythrée*, sur la mer Rouge.

3° L'**Espagne** et le **Portugal** produisent des vins, des oranges. L'Espagne possède, en outre, une grande quantité de minerais divers, fer, plomb, cuivre. Toutefois elle a peu d'industrie.

En Grèce : Vue d'Athènes.

L'Espagne, qui fut jadis la première puissance coloniale du monde, ne possède plus que quelques îles et quelques petits territoires, tous situés en Afrique. Mais la langue espagnole est encore parlée dans beaucoup d'anciennes colonies de l'Espagne, notamment dans l'Amérique centrale et méridionale.

Exercices.

Questionnaire. — 296-301. Énumérer les États de la péninsule des Balkans ? Quelle est la capitale de la Turquie ? de la Roumanie ? de la Serbie ? du Monténégro ? de la Bulgarie ? de la Grèce ? — Quelle est la population de l'Italie ? sa forme de gouvernement ? sa capitale ? ses autres grandes villes ? — Quelle est la population de l'Espagne ? sa capitale ? ses autres villes principales ? — Citer les deux plus grandes villes du Portugal.

Cartographie. — Dessiner la carte des trois grandes presqu'îles méridionales de l'Europe.

III. EUROPE CENTRALE

302. L'Europe centrale comprend cinq États : la Belgique, la Hollande, l'Allemagne, la Suisse et l'Autriche-Hongrie.

303. Belgique. — La Belgique (6 750 000 hab.) est un petit royaume au nord-est de la France. C'est le pays d'Europe le plus peuplé, proportionnellement à son étendue (230 hab. par kilomètre carré).

Sa capitale est **Bruxelles**, au centre ; — on peut citer encore *Anvers*, grand port sur la mer du Nord ; *Gand*, ville industrielle.

304. Hollande. — La Hollande (5 000 000 d'hab.), autre petit royaume, est située au nord de la Belgique.

Sa capitale est la **Haye**, résidence royale ; — autres grandes villes *Amsterdam* et *Rotterdam*, ports importants.

De la Hollande dépend le *Grand-Duché de Luxembourg*, capitale Luxembourg.

305. Allemagne. — L'Allemagne est un empire formé par la confédération des États allemands, qui sont au nombre de 26, et ayant pour chef le roi de Prusse, chef du principal de ces États.

L'Empire d'Allemagne compte 56 millions d'habitants. Le protestantisme est la religion dominante au nord; c'est le catholicisme, au sud.

La capitale de l'Allemagne est **Berlin** (1 884 000 hab.), capitale de la Prusse.

Les autres principales villes sont : *Munich*, capitale de la Bavière; *Dresde*, capitale de la Saxe; *Dantzig*, port sur la Baltique; *Breslau*, sur l'Oder; *Hanovre*; *Cologne*, sur le Rhin; *Hambourg*, à l'embouchure de l'Elbe, port très important et ville libre; *Brême*, autre port.

306. Suisse. — La Suisse, pays entièrement continental, est une république fédérale (2 300 000 hab.).

Sa capitale est **Berne**, située au centre du pays; — autres villes, *Zurich*; *Bâle*, sur le Rhin; *Genève*, sur le Rhône, à la sortie du lac de Genève ou Léman.

307. Autriche-Hongrie. — L'Autriche-Hongrie, située au sud de l'Allemagne, sur le Danube, a 46 millions d'habitants. C'est un empire; le catholicisme y domine.

Au point de vue politique, on y distingue deux États :

1° L'Autriche, capitale **Vienne** (1 662 000 hab.) sur le Danube; — autres villes : *Prague*, en Bohême; *Gratz*, ville de métallurgie, et *Trieste*, grand port sur l'Adriatique;

2° La Hongrie, capitale **Budapest** (713 000 hab.), sur le Danube.

308. 1ʳᵉ Lecture : L'Empire d'Allemagne. — L'Empire d'Allemagne ne date que de 1871. Jusqu'alors l'Allemagne avait été divisée en États nombreux qui étaient souvent en lutte les uns contre les autres. Depuis qu'elle est unifiée, l'Allemagne a réalisé des progrès considérables.

Sa population s'est énormément accrue. En 1871, l'Allemagne et la France avaient à peu près le même nombre d'habitants. Aujourd'hui l'Allemagne en a 17 millions de plus que la France.

En même temps, l'Allemagne s'est beaucoup développée au point de vue économique. C'est un des grands pays industriels du monde, et le port de Hambourg est, après celui de Londres, le plus important de l'Europe entière.

309. 2ᵉ Lecture : L'Empire d'Autriche-Hongrie. — L'Empire d'Autriche-Hongrie se compose en réalité de deux États différents, l'Autriche et la Hongrie, qui ont le même souverain. Ce souverain est empereur en Autriche, roi en Hongrie. En aucun pays d'Europe, les races et les langues ne sont plus mêlées.

L'Autriche-Hongrie a de nombreuses industries en Bohême; elle produit du bois dans les Alpes, du blé et du vin en Hongrie.

Exercices.

Questionnaire. — 302-309. Qu'est-ce que la Belgique? Quelle est sa capitale? son principal port? — Qu'est-ce que la Hollande? Citer sa capitale, ses autres grandes villes. — Quelle est l'organisation politique de l'Allemagne? sa population? sa capitale? Quelles sont ses autres villes importantes? Comparer la population de l'Allemagne avec celle de la France en 1870, aujourd'hui. — Qu'est-ce que la Suisse? Quelle est sa capitale? Quelle est l'organisation politique de l'Autriche-Hongrie? sa population? Quelles sont ses divisions? ses capitales? Citer les principales villes de l'Autriche.

Cartographie. — Dessiner l'empire d'Allemagne et l'empire d'Autriche-Hongrie.

IV. EUROPE SEPTENTRIONALE

310. L'Europe septentrionale comprend quatre États : les Îles Britanniques, le Danemark, la Suède et la Norvège.

311. Îles Britanniques. — Les Îles Britanniques sont formées de deux grandes îles : la *Grande-Bretagne* (Angleterre, Écosse) et l'*Irlande*; elles renferment 41 millions d'habitants.

Elles comprennent trois parties :

1° l'Angleterre, capitale *Londres*; — 2° l'Écosse, capitale *Édimbourg*; — 3° l'Irlande, capitale *Dublin*.

Les Anglais et les Écossais sont protestants; les Irlandais sont catholiques. Les trois pays forment le Royaume-Uni de Grande-Bretagne et d'Irlande.

Les principales villes sont :

En Angleterre, **Londres** (4 600 000 hab.), sur la Tamise, le premier port et la ville la plus peuplée du monde entier; *Liverpool*, grand port; *Manchester* (cotonnades) et *Birmingham* (fer et acier), villes manufacturières;

En Écosse, **Édimbourg**, capitale, et *Glasgow*, port et ville industrielle;

En Irlande, **Dublin**, capitale.

312. Danemark. — Le Danemark (2 300 000 hab.), situé à l'entrée de la mer Baltique, est un des plus petits États de l'Europe; c'est un royaume.

Sa capitale est **Copenhague**, dans l'île de Seeland, port sur le détroit du Sund.

Au Danemark appartient l'*Islande*, grande île glacée au nord de l'Écosse.

313. Suède. — Le royaume de Suède (5 100 000 hab.) occupe le versant oriental de la péninsule scandinave.

Sa capitale est *Stockholm*, port sur la mer Baltique.

314. Norvège. — La Norvège occupe le versant occidental de la péninsule scandinave (2 300 000 hab.). Elle a le même roi que la Suède, mais avec des institutions distinctes.

Sa capitale est *Kristiania*, au fond d'un golfe étroit.

315. Lecture : Puissance de l'Angleterre. — Les Îles Britanniques ont d'importantes ressources agricoles; leur climat humide favorise surtout l'extension des pâturages : l'Angleterre élève des races de chevaux, de bœufs et de moutons très renommées. En second lieu, l'archipel renferme de vastes gisements de houille et de minerais, notamment de fer, qui lui ont permis de devenir un pays industriel de premier ordre. Enfin, entouré de tous côtés par la mer, il s'est nécessairement adonné au commerce par mer.

Les Îles Britanniques sont le premier pays industriel et commerçant de l'Europe.

Elles forment en même temps la première puissance coloniale. Elles possèdent en dehors de l'Europe d'immenses dépendances dont les principales sont : l'*Inde*, en Asie; la *puissance du Canada*, en Amérique; l'*Australie*, en Océanie; la *colonie du Cap*, avec ses dépendances, dans l'Afrique australe. Elles ont, en outre, de nombreux comptoirs ou points de relâche disséminés sur toutes les mers et dans tous les continents.

L'ensemble des colonies anglaises mesure 23 millions de kilomètres carrés (73 fois les Îles Britanniques) et renferme 340 millions d'habitants (1/5 de la population du globe).

Exercices.

Questionnaire. — 310-315. Que comprennent les Îles Britanniques? Quelles sont leur population, leurs divisions? les grandes villes de l'Angleterre? de l'Écosse? de l'Irlande? — Où est situé le Danemark? Quelle est sa capitale? Quelle est l'île qu'il possède en Europe? — Où est située la Suède? Quelle est sa capitale? — Où est située la Norvège? Quelle est sa capitale? Quels sont ses rapports politiques avec la Suède?

Cartographie. — Dessiner la carte des Îles Britanniques.

Devoir. — Dire en quoi consiste la richesse et la puissance des Îles Britanniques.

V. EUROPE ORIENTALE

316. L'Europe orientale ne comprend qu'un État, la *Russie*, qui occupe, à elle seule, la moitié de l'Europe.

317. Russie. — La Russie d'Europe renferme 103 millions d'habitants, ce qui est relativement peu pour un pays de cette étendue (19 par kilom.). Les

Europe politique.

Russes sont des Slaves, ils professent la religion grecque orthodoxe. Leur empereur, ou *tsar*, possède un pouvoir absolu.

La Russie a pour capitale **Saint-Pétersbourg** (1 264 000 hab.), située près de la mer Baltique.

Les autres villes principales sont : au centre, *Moscou*, ancienne capitale ; — au sud, *Kiev*, sur le Dniepr, et *Odessa*, grand port sur la mer Noire ; — à l'ouest, *Varsovie*, en Pologne, et *Riga*, port sur la Baltique.

318. Empire russe. — La Russie d'Europe n'est qu'une partie de l'empire russe. Celui-ci comprend, en outre, toute l'Asie septentrionale, où la Russie occupe trois grands pays, la *Sibérie*, le *Turkestan russe* et la *Caucasie*.

Cet empire mesure 22 millions de kilomètres carrés et renferme 129 millions d'habitants (Empire britannique, 23 millions de kilomètres carrés, 340 millions d'habitants).

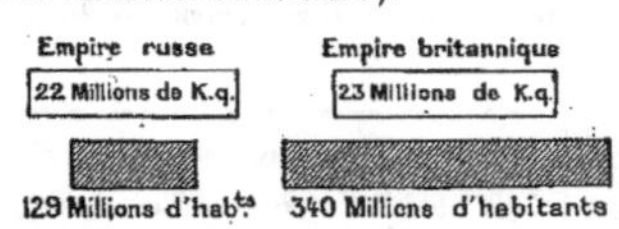

Importance comparée des empires russe et britannique.

319. Lecture : Force de la Russie. — La Russie occupe en Europe une place considérable : plus de la moitié de sa superficie. Elle s'étend depuis l'océan Glacial et la mer Blanche, au nord, jusqu'à la mer Noire et à la mer Caspienne, au sud ; depuis les monts Oural, à l'est, jusqu'aux monts Karpates, à l'ouest.

Sa population en Europe est de 103 millions d'habitants. Si élevé que soit ce chiffre, il est relativement faible, eu égard à l'étendue du pays. L'Europe compte en moyenne 38 habitants pour 1 kilomètre carré d'étendue ; la Russie n'en compte que 19. Il faut ajouter que chaque année voit s'atténuer cette infériorité de la Russie : on a calculé qu'en moyenne la population de la Russie s'augmentait annuellement de 1 500 000 habitants. Si cet accroissement se maintient, la Russie aura plus de 200 millions d'habitants en 1950.

Ce n'est qu'au commencement du XVIII° siècle que la Russie a commencé à entrer dans la voie de la civilisation européenne. Jusqu'alors elle était restée plutôt un pays asiatique. Il n'est donc pas surprenant qu'elle soit encore relativement arriérée, et, qu'à l'exception d'une infime minorité, le peuple russe ait des mœurs assez peu civilisées.

Mais elle n'a, depuis deux siècles, cessé de réaliser de grands et rapides progrès. Aujourd'hui elle est couverte de chemins de fer, et

La steppe russe.

l'industrie, qui y existait à peine vers 1850, est maintenant active et prospère.

L'*ours russe*, comme on dit souvent pour désigner la puissance russe, est un des colosses dont dépend la paix du monde.

Exercices.

Questionnaire. — 316-319. Où est située la Russie ? Quelle est son étendue ? Quelle est sa population ? Comment s'appelle le souverain ? — Citer sa capitale, ses principales villes. — Quelles sont ses dépendances en dehors de l'Europe ?

Cartographie. — Tracer la carte physique et politique de la Russie d'Europe.

Devoir récapitulatif. — Citer les six puissances européennes principales, avec les chiffres de leur population ; dire quelles sont leurs formes de gouvernement. — Tracer la carte physique et politique de l'Europe.

CHAPITRE III

ASIE PHYSIQUE.

320. Bornes, étendue. — L'Asie est la plus grande des cinq parties du monde. Elle a 42 500 000 kilomètres carrés, plus de 4 fois l'étendue de l'Europe.

Ses bornes sont : au nord, l'*océan Glacial Arctique* ; — à l'est, l'*océan Pacifique* ; — au sud, l'*océan Indien* ; — à l'ouest, la *mer Rouge*, le *canal de Suez*, la *Méditerranée* et la *mer Noire*, enfin le *Caucase*, la *mer Caspienne* et les monts *Oural*.

321. Relief. — L'Asie a un relief accidenté, qui comprend de hauts plateaux et les montagnes les plus élevées du globe, surtout au centre, et quelques plaines le long de quelques-unes des mers qui la baignent.

Les principaux plateaux sont : le **plateau de Pamir**, surnommé le *Toit du monde*, et le **plateau du Thibet**, qui a plus de 4 000 mètres d'altitude sur une grande partie de son étendue.

Les principales montagnes sont : l'Himalaya, qui porte le plus haut sommet du globe (mont Gaourisankar, 8 840 m.) ; les monts *Karakoroum, Kouen-Lun* et *Thian-Chan*, l'*Hindou-Kouch* et la *chaîne du Caucase*, enfin l'*Altaï* : toutes ces chaînes sont orientées de l'ouest à l'est.

Les principales plaines sont : la *plaine de Sibérie*, inclinée vers l'océan Glacial Arctique, et la *plaine de Chine*, ouverte sur le Pacifique.

322. Mers. — L'Asie a quatre mers principales qui sont :

1° L'océan Glacial Arctique, qui la baigne depuis la mer de Kara jusqu'au détroit de Béring ;

2° L'océan Pacifique, qui forme la *mer de Bering*, la *mer d'Okhotsk*, la *mer du Japon*, la *mer Jaune* et la *mer de Chine* ;

3° L'océan Indien qui forme le *golfe du Bengale*, la *mer d'Oman* et la *mer Rouge* ;

4° La Méditerranée, avec la *mer de Marmara* et la *mer Noire*.

En outre, l'Asie renferme plusieurs mers intérieures dont les deux principales sont : la *mer Caspienne* et la *mer d'Aral*.

323. Iles. — De l'Asie dépendent de nombreuses îles, surtout dans l'océan Pacifique. Les principales sont :

1° Dans l'océan Glacial Arctique, les *îles Liakhoff* ;

2° Dans l'océan Pacifique, les *Aléoutiennes*, les *Kouriles*, l'archipel japonais, *Formose* et *Haï-Nan* ;

3° Dans l'océan Indien, *Ceylan* ;

4° Dans la Méditerranée, *Chypre* et *Rhodes*.

324. Cours d'eau. — L'Asie a de nombreux cours d'eau qui se répartissent entre quatre versants :

1° Le versant de l'océan Glacial, qui comprend les longues rivières de Sibérie, l'*Ob* ou *Obi*, le *Iéniséi* et la *Léna* ;

2° Le versant du Pacifique, qui comprend le *Fleuve Amour*, en Sibérie ; — le *Hoang-Ho*, ou fleuve Jaune, et le *Yang-tsé-Kiang*, ou fleuve Bleu, en Chine ; — le *Mékong*, ou *Cambodge*, en Indo-Chine ;

3° Le versant de l'océan Indien, qui comprend le *Brahmapoutra*, le *Gange* et l'*Indus*, dans l'Inde ; — le *Chat-el-*

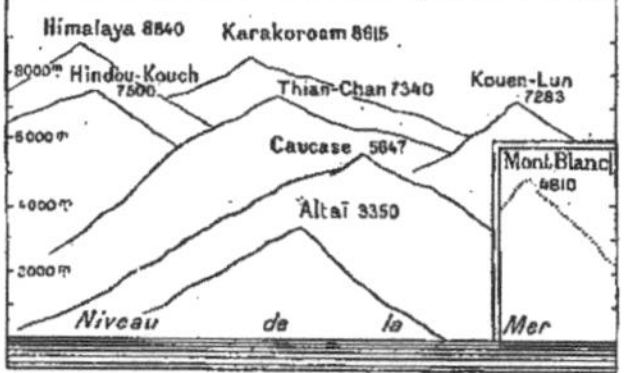

Hauteurs comparées des montagnes d'Asie.

Arab, formé par la réunion du Tigre et de l'Euphrate ;

4° Le versant de la mer d'Aral, qui comprend le *Syr-Daria* et l'*Amou-Daria*.

325. Lecture : Description physique de l'Asie. — L'Asie est le plus massif de tous les continents. Les mers qui la baignent y pénètrent très peu avant dans les terres. En aucun point de la terre on ne se trouve plus loin d'aucun océan qu'au centre de l'Asie.

Les plateaux asiatiques forment également des masses énormes. Le *plateau de Pamir* est peu étendu mais très haut, froid et glacé. Le *plateau du Thibet* n'est pas moins élevé et, de plus, il occupe une superficie considérable : on peut y marcher pendant des semaines entières sans descendre à une altitude inférieure à 4 000 mètres.

On doit, d'ailleurs, remarquer que ces plateaux, se trouvant au centre de l'Asie, séparent les différentes plaines du pourtour, notamment l'Inde et la Chine, qui ne peuvent communiquer facilement l'une avec l'autre que par mer.

Les fleuves d'Asie sont très longs. Le *Yang-tsé-Kiang* a plus de 5 000 kilomètres de longueur ; l'*Amour*, l'*Ob* et le *Hoang-Ho* dépassent 4 000 kilomètres. Ils l'emportent donc notablement sur les fleuves d'Europe ; toutefois ils sont encore inférieurs à ceux de l'Afrique et de l'Amérique.

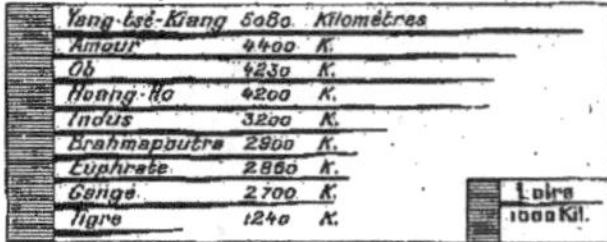

Fleuve	Longueur	
Yang-tsé-Kiang	5080	Kilomètres
Amour	4400	K.
Ob	4230	K.
Hoang-Ho	4200	K.
Indus	3200	K.
Brahmapoutra	2900	K.
Euphrate	2860	K.
Gange	2700	K.
Tigre	1240	K.
Loire	1000 Kil.	

Longueurs comparées des principaux fleuves d'Asie.

Exercices.

Questionnaire. — 320-325. Quelles sont les limites de l'Asie ? Quelle est son étendue relativement aux autres parties du monde ? — Quels sont les principaux plateaux de l'Asie ? les principales montagnes ? les principales plaines ?

Citer les quatre mers principales de l'Asie, les mers intérieures, les mers secondaires que forment l'océan Glacial, l'océan Pacifique, l'océan Indien, la Méditerranée.

Combien l'Asie compte-t-elle de versants ? Citer les fleuves du versant de l'océan Glacial, ceux du versant du Pacifique, ceux du versant de l'océan Indien. Quels fleuves reçoit la mer d'Aral ?

Cartographie. — Dessiner l'Asie avec ses mers, ses montagnes, ses fleuves.

CHAPITRE IV

ASIE POLITIQUE

326. Population. — L'Asie renferme 850 millions d'habitants, plus de la moitié des habitants de la terre.

Ces habitants appartiennent à la *race blanche* dans l'Asie occidentale, et à la *race jaune* dans l'Asie orientale.

Les religions qu'ils professent sont le *bouddhisme*, le *brahmanisme* et le *mahométisme*.

327. Asie Russe. — Les Russes possèdent tout le nord de l'Asie. Ils y occupent trois pays :

1° La **Sibérie**, très vaste, mais peu peuplée, avec pour capitale *Irkoutsk* : — autres villes, *Omsk*, *Tomsk* et *Tobolsk*.

2° Le **Turkestan**, situé à l'est de la mer Caspienne, capitale *Tachkent* ;

3° La **Caucasie**, pays avoisinant le Caucase et très riche en gisements de pétrole : capitale *Tiflis* ; — autre ville, *Bakou*, pétrole, sur la Caspienne.

328. Japon. — L'empire du Japon comprend plusieurs archipels de l'océan Pacifique, entre autres l'archipel japonais (Yéso, Nippon) et l'île Formose. Il renferme 45 millions d'habitants.

Sa capitale est **Tokio** (1 242 000 hab.); — on peut citer encore *Kioto*, ancienne capitale, et *Yokohama*, port de Tokio.

329. Empire chinois. — L'Empire chinois comprend la Chine proprement dite et des dépendances.

1° La Chine proprement dite est située le long du Pacifique ; elle a 385 millions d'habitants.

Sa capitale est **Pékin**, grande ville, au nord. Les autres principales villes sont : *Tien-Tsin*, port de Pékin ; *Han-Kéou*, sur le fleuve Bleu ; le port de *Chang-Haï* ; enfin *Canton*, au sud ;

2° Les dépendances de la Chine sont : le *Thibet*, capitale Lhassa ; le *Turkestan oriental*, la *Mongolie* et la *Mandjourie*.

330. Indo-Chine. — L'Indo-Chine est la grande presqu'île asiatique qui s'enfonce, au sud-est, entre l'océan Pacifique et l'océan Indien. Elle renferme 35 millions d'habitants et se divise en trois parties :

1° A l'est, l'**Indo-Chine française**, qui comprend le **Tonkin**, capitale *Hanoï* ; l'**Annam**, capitale *Hué* ; la **Cochinchine**, capitale *Saigon* ; le **Cambodge**, capitale *Pnom-Penh* ;

2° Au centre, le **royaume de Siam**, capitale *Bangkok* ;

3° A l'ouest, l'**Indo-Chine anglaise**, dont les principales villes sont les ports de *Singapour*, au sud, et de *Rangoun*, à l'ouest ; *Mandalé*, à l'intérieur, capitale de la *Birmanie*.

331. Inde. — L'Inde est la presqu'île méridionale de l'Asie qui s'étend entre le golfe du Bengale et la mer d'Oman. Elle a 294 millions d'habitants.

Sa capitale est **Calcutta** (840 000 hab.), sur le delta du Gange ; — ses autres grandes villes sont *Bombay* (841 000 h.), port sur la côte occidentale, et *Madras*, port sur la côte orientale.

L'Inde appartient presque entièrement à l'Angleterre, soit directement, soit à titre d'États vassaux, qu'elle surveille et dirige.

La France possède dans l'Inde cinq petits territoires, dont le plus important est *Pondichéry*.

332. États secondaires. — Les autres États asiatiques, situés à l'ouest de l'Empire Chinois et de l'Inde, ont beaucoup moins d'importance. Ce sont :

La **Perse**, capitale *Téhéran* ;

L'**Afghanistan**, ville principale *Kaboul* ;

Le **Baloutchistan**, capitale *Kélat* ;

La **Turquie d'Asie**, ou partie asiatique de l'empire turc, villes principales, *Smyrne*, port sur la Méditerranée, en Asie Mineure ; *Damas*, en Syrie, et *la Mecque*, en Arabie, lieu de pèlerinage très important pour les musulmans.

333. 1re Lecture : Les Européens en Asie. — Trois grands peuples européens ont des colonies en Asie : les Russes, les Anglais et les Français.

Les *Russes* possèdent toute la partie septentrionale. Ils n'y ont encore que peu de colons et la plus grande partie du pays reste couverte de forêts encore inexploitées ou de vastes steppes incultes. Mais ils y ont exécuté des travaux qui en faciliteront le développement. C'est ainsi qu'en dix ans, de 1891 à 1901, ils ont exécuté à travers la Sibérie le *chemin de fer transsibérien*, qui n'a pas moins de 7 500 kilomètres de long, et qui est l'œuvre la plus colossale qui ait été encore entreprise en ce genre. Il permettra d'aller de Londres ou de Paris jusque sur les bords de l'océan Pacifique en 13 ou 14 jours.

Les *Anglais* possèdent l'Inde et l'Indo-Chine occidentale. L'Inde est un des pays les plus riches de la terre. Elle produit le coton, le thé, le riz, les céréales, l'opium. Elle est aujourd'hui sillonnée en tous sens par des chemins de fer.

Les *Français* possèdent principalement l'Indo-Chine orientale. (Voir p. 42.)

334. 2e Lecture : La Chine. — La Chine est le pays qui possède la plus ancienne civilisation de la terre. Elle était civilisée 4 000 ans avant notre ère. Mais, depuis cette époque, elle s'est obstinément renfermée chez elle, s'est entourée d'une vaste muraille d'isolement pour empêcher les étrangers d'y entrer, et ne s'est guère modifiée.

Lu Grande Muraille de la Chine.

Obligée d'ouvrir quelques-uns de ses ports aux étrangers en 1842, elle a refusé longtemps encore de laisser s'implanter chez elle les usages européens et les découvertes de notre civilisation moderne. Mais la rapidité de ses défaites dans une guerre contre le Japon, en 1894-1895, l'a déterminée à changer d'attitude. La Chine a commencé à construire des chemins de fer et à exploiter ses abondantes ressources en houilles et en minerais.

La Chine possède une des agricultures les plus florissantes qui existent. Toute la région du Nord, dont le sol est formé d'une sorte de terre jaune extrêmement fertile, produit en abondance les céréales. La Chine méridionale, qui est située dans la région des tropiques et qui a un climat beaucoup plus chaud et plus humide, produit le riz et le coton dans les vallées, le thé et le mûrier sur les pentes montagneuses. Ses principaux objets d'exportation sont le riz, le coton, le thé et la soie.

335. 3e Lecture : Le Japon. — Le Japon resta, comme la Chine, fermé à la civilisation européenne jusqu'au milieu du xixe siècle. Puis, brusquement, en 1868, il adopta les mœurs gouvernementales et les coutumes de nos pays. Tout fut renouvelé en quelques années, jusqu'au costume national, remplacé par le port, un moment obligatoire, d'un costume européen.

Aujourd'hui, le Japon a 5 000 kilomètres de voies ferrées, des postes, des télégraphes, des téléphones. L'industrie est très prospère. Sous la direction d'ingénieurs et de constructeurs européens ou américains, les Japonais ont appris à tisser des cotonnades, à construire des machines, à fabriquer du sucre de betterave. Ils commencent à se passer des produits européens, et même à disputer aux peuples de l'Occident les marchés de l'Asie.

Ce qui permet au Japon de lutter avec succès contre les pays européens, c'est avant tout le bas prix de la main-d'œuvre. En 1898, le salaire de la journée d'un ouvrier variait, suivant les métiers, de 0 fr. 54 à 1 fr. 21. Et ces mêmes salaires sont encore rémunérateurs, car la vie au Japon est à très bon compte.

Exercices.

Questionnaire. — 326-328. Combien l'Asie a-t-elle d'habitants ? A quelles races appartiennent-ils ? Quelles religions professent-ils ? — Quels pays comprend l'Asie Russe ? Quelle est la capitale de la Sibérie ? Quel chemin de fer traverse la Sibérie ? Quelle est la capitale du Turkestan ? celle de la Caucasie ? Quelle est la principale richesse de la Caucasie ? — Où est situé le Japon ? Combien a-t-il d'habitants ? Quelle est sa capitale ? Quelles sont ses autres grandes villes ?

329-335. Que comprend l'Empire chinois ? Où est située la Chine proprement dite ? Combien a-t-elle d'habitants ? Quelle est sa capitale ? Quelles sont ses autres grandes villes ? Quelles sont les dépendances de la Chine ? — Qu'est-ce que l'Indo-Chine ? Quelle est sa population ? Que comprend l'Indo-Chine française ? Qu'est-ce que le royaume de Siam ? Quelles sont les principales villes de l'Indo-Chine anglaise ?

Qu'est-ce que l'Inde ? Quelle est l'importance de sa population ? Citer sa capitale et ses grandes villes. A qui appartient-elle ? La France y possède-t-elle quelques territoires ? — Énumérer les États secondaires de l'Asie. Quelle est la capitale de la Perse ? Quelles sont les principales villes de la Turquie d'Asie ? Pourquoi la Mecque est-elle fameuse ?

Cartographie. — Faire la carte de l'Asie et y représenter la Sibérie, la Chine, le Japon, l'Indo-Chine française et l'Inde ; mettre sur la carte les capitales et villes principales de ces États ; indiquer et souligner les principaux ports.

Devoir. — Parler du chemin de fer transsibérien. — Comparer la Chine et le Japon, au point de vue de la population et du développement de la civilisation.

CHAPITRE V

AFRIQUE PHYSIQUE

336. Étendue, bornes. — L'Afrique a une étendue de près de 30 millions de kilomètres carrés (3 fois l'Europe). C'est presque une île.

Ses bornes sont : au nord, la *Méditerranée* ; à l'ouest, l'océan *Atlantique* ; à l'est, l'océan *Indien* et la *mer Rouge*.

337. Relief. — L'Afrique est formée surtout de plaines et de plateaux ; ses principales montagnes sont sur le pourtour.

Ce sont : au nord-ouest, l'*Atlas* (4 500 m.) ; — au nord-est, le *Massif d'Abyssinie* (4 620 m.) ; — à l'est, les monts *Kénia* et *Kilima-Ndjaro* (5 860 m.) ; — à l'ouest, le *mont Cameroun*.

338. Mers et Iles. — L'Afrique a trois grandes mers : la Méditerranée, l'Atlantique et l'océan Indien, qui forment un petit nombre de mers secondaires :

1º **La Méditerranée** baigne l'Afrique au bord de l'isthme de Suez au détroit de Gibraltar, en forme la *Grande Syrte* et le *golfe de Gabès* ;

2º **L'Atlantique** la baigne à l'ouest, du détroit de Gibraltar au cap des Aiguilles. Il forme le *golfe de Guinée*, et baigne les *Açores*, *Madère*, les *Canaries*, les *îles du golfe de Guinée*, l'*Ascension* et *Sainte-Hélène* ;

3º **L'océan Indien** la baigne à l'est, du cap des Aiguilles au cap Guardafui. Il forme le *golfe d'Aden* et la *mer Rouge*. Il baigne *Madagascar*, les *Mascareignes*, *Zanzibar* et quelques petits archipels.

Afrique politique.

Afrique physique.

339. Cours d'eau. — L'Afrique a de nombreux cours d'eau qui se partagent entre trois versants, versants de la Méditerranée, de l'Atlantique et de l'océan Indien.

1º Le versant de la **Méditerranée** ne comprend qu'un grand fleuve, le Nil, formé par la réunion du *Nil Blanc*, qui vient de l'Afrique équatoriale, et du *Nil Bleu*, descendu des monts d'Abyssinie : le Nil se termine par un grand delta ;

2º Le versant de l'**Atlantique** comprend deux grands fleuves et plusieurs petits : le *Sénégal* ; — le **Niger**, terminé par un vaste delta ; — l'*Ogooué* ; — le **Congo**, qui coule sous l'équateur et roule une masse d'eau considérable ; — l'*Orange* ;

3º Le versant de l'océan **Indien** ne comprend qu'un grand fleuve, le **Zambèze**, terminé par un delta.

340. Lecture : Végétation de l'Afrique. — L'Afrique a partout un climat chaud ; mais les pluies sont beaucoup plus irrégulièrement réparties ; elles sont très abondantes dans la zone équatoriale, presque nulles du 18° au 25° de latitude nord et sud, médiocres au delà du 25°.

Il en résulte de grandes différences dans la végétation naturelle.

La zone équatoriale, recevant beaucoup de pluies en même temps que beaucoup de chaleur solaire, a une végétation luxuriante, et, en particulier, de vastes forêts très difficilement pénétrables, où se pressent des arbres énormes, des baobabs, des palmiers, des bambous, reliés entre eux par un réseau de lianes. On y trouve des éléphants, des rhinocéros, des hippopotames; les crocodiles pullulent dans les rivières. Tel est le *Soudan*.

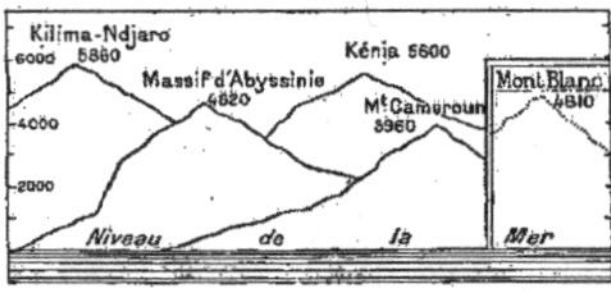

Hauteurs comparées des montagnes d'Afrique.

Les deux régions situées vers les tropiques ont le caractère tout opposé. Très chaudes, mais manquant d'eau, — il s'y passe plusieurs années sans une pluie, — elles forment de vastes déserts de sables et de pierres, où végètent de rares et maigres arbustes, acacias, chiendents vivaces, où l'on rencontre quelques renards, des lièvres, des reptiles. Tels sont le *Sahara* au nord, le *désert de Kalahari* au sud.

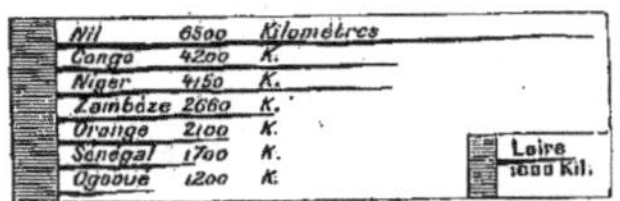

Longueurs comparées des principaux fleuves d'Afrique.

L'Algérie-Tunisie, au nord, et la région du Cap, au sud, tout en ayant un climat sec, reçoivent des pluies régulièrement chaque année, surtout pendant l'hiver. Elles ont des cultures et des arbres. En Algérie-Tunisie, ces arbres sont ceux de la France méditerranéenne, oliviers, citronniers, orangers. La vigne y réussit bien.

Exercices.

Questionnaire. — 336-340. Quelle est l'étendue de l'Afrique? Est-elle plus grande que l'Europe? Quelles sont ses limites? — Quelles sont ses principales montagnes? Quelles sont ses trois grandes mers? Où la baigne la Méditerranée et quels golfes cette mer y forme-t-elle? Quel golfe y forme l'Atlantique et quelles îles y baigne-t-il? Quelles mers secondaires y forme l'océan Indien, et quelles îles africaines baigne-t-il? — Combien l'Afrique a-t-elle de versants? Quel est le grand fleuve du versant de la Méditerranée? Quels sont les deux grands fleuves du versant de l'Atlantique? les trois petits? Quel grand fleuve comprend le versant de l'océan Indien?

Cartographie. — Dessiner l'Afrique en indiquant les principales montagnes, les mers avec les principales îles, les principaux cours d'eau.

Devoir. — Comparer, au point de vue de l'eau et de la végétation, le Sahara et le Soudan.

AFRIQUE POLITIQUE

341. Population. — On ignore le nombre des habitants de l'Afrique; on l'évalue de 130 à 200 millions.

Ces habitants sont des *nègres* au centre et au sud, des *blancs* dans le nord. Les religions dominantes sont le *mahométisme*, au nord, le *fétichisme*, partout ailleurs

342. Partage politique. — L'Afrique a peu d'États indigènes organisés. Les habitants forment presque partout des tribus nomades ou barbares. Les peuples européens ont profité de la supériorité de leur civilisation pour s'annexer la majeure partie de l'Afrique.

Les puissances européennes qui ont des colonies en Afrique sont la *France*, l'*Angleterre*, l'*Allemagne*, le *Portugal*, l'*Espagne*, l'*Italie* et la *Turquie*.

Très peu d'États africains sont restés indépendants.

343. États indépendants. — Les principaux États indépendants sont : le *Maroc*, près de l'Espagne, capitale *Fez* ; — l'*Éthiopie*, empire chrétien voisin de la mer Rouge; — l'*État indépendant du Congo*, au centre; — la *République du Transvaal*, au sud, habitée par les Boers, descendants d'anciens colons hollandais et de protestants français; villes principales, *Prétoria*, capitale, et *Johannesburg*, mines d'or; — la *République d'Orange*, autre État boer, au sud du précédent, capitale *Bloemfontein*.

344. Part de la France. — La France a la plus grosse part en Afrique. Elle possède :

Au nord et au nord-ouest, l'*Algérie*, capitale *Alger*, et la **Tunisie**, capitale *Tunis*; — le **Soudan français**, avec ses annexes, *Sénégal*, *Guinée française*; — enfin, le **Sahara**, placé dans sa zone d'influence;

A l'ouest, le **Congo français**; — au sud-est, **Madagascar**, capitale *Tananarive*, et l'**Ile de la Réunion**, chef-lieu *Saint-Denis*; — au sud de la mer Rouge, *Obok*.

345. Part de l'Angleterre. — L'Angleterre possède : à l'ouest, le **Bas-Niger**, aux embouchures de ce fleuve; — au sud, la **Colonie du Cap**, étendue jusqu'au Zambèze; villes principales *le Cap* et *Port-Natal*; — à l'est, l'**Afrique orientale anglaise**, avec Zanzibar; — autour de l'Afrique, les îles d'*Ascension*, *Sainte-Hélène*, *Maurice*, les *Seychelles*, *Socotora*.

346. Part de la Turquie. — La Turquie possède en Afrique :

1° La **Tripolitaine**, sur la Méditerranée; capitale *Tripoli*;

2° L'**Égypte** (9 734 000 hab.), sur le Nil inférieur et dans le delta de ce fleuve : capitale, le **Caire** (576 000 hab.), sur le Nil; autre grande ville, *Alexandrie* (319 000 hab.), port très important sur la Méditerranée.

Les Anglais occupent l'Égypte, mais ce pays est placé sous la suzeraineté de la Turquie.

347. Autres possessions. — 1° L'Allemagne possède le *Cameroun*, le *Sud-Ouest africain*, et l'*Afrique orientale allemande*; — 2° le *Portugal* possède l'*Angola* et le *Mozambique*; — 3° l'Espagne possède quelques îles, les *Canaries*, entre autres ; — 4° l'Italie à un petit territoire sur la mer Rouge.

348. Lecture : L'Égypte. — L'Égypte est un pays très fertile, produisant le blé, le coton et la canne à sucre. En outre, placée sur le canal de Suez qui relie la Méditerranée à la mer Rouge et à l'océan Indien, elle se trouve située sur la grande route maritime de l'Europe vers l'Extrême-Orient, ce qui lui donne une grande importance commerciale.

La fertilité de l'Égypte est l'œuvre du Nil qui, chaque été, grossi par les pluies qui tombent en abondance dans son bassin supérieur, déborde sur ses rives et y répand un limon gras. Cette inondation annuelle dure de juin à octobre ou novembre. Le sol des rives ainsi engraissé par les boues du Nil produit de magnifiques récoltes.

Exercices.

Questionnaire. — 341-343. Quel est le nombre des habitants de l'Afrique ? A quelles races appartiennent-ils? A quelles religions? — Quelles puissances européennes y possèdent des colonies? — Citer les principaux États indépendants. Quelle est la capitale du Maroc? du Transvaal? de la République d'Orange ? Qu'est-ce que l'Éthiopie? Qu'est-ce que les Boers?

344-348. Énumérer les possessions françaises d'Afrique, les colonies anglaises. Que possède la Turquie ? — Quelles sont les ressources de l'Égypte? ses deux grandes villes? le peuple européen qui l'occupe? — Citer les autres possessions européennes d'Afrique.

Cartographie. — Dessiner l'Afrique en indiquant la place des colonies françaises, des colonies anglaises.

CHAPITRE VI

AMÉRIQUE DU NORD

GÉOGRAPHIE PHYSIQUE

349. Bornes, Étendue. — L'Amérique du Nord a 23 millions de kilomètres carrés d'étendue, soit plus de 2 fois l'Europe.

Ses bornes sont : au nord, le *détroit de Bering* et l'*océan Glacial Arctique*; — à l'est, l'*océan Atlantique*; — à l'ouest, l'*océan Pacifique*; — au sud, l'Amérique du Nord est reliée à l'Amérique du Sud par une suite d'isthmes et par l'archipel des Antilles.

350. Relief. — L'Amérique du Nord comprend : 1° une zone de hautes montagnes, à l'ouest; 2° une zone de montagnes moyennes, à l'est; 3° de grandes plaines au centre.

Les hautes montagnes de l'Ouest sont la **Sierra Nevada** et les **Montagnes Rocheuses**, qui encadrent de vastes plateaux, entre autres le *plateau du Mexique*, au sud. Les points culminants sont le *Mont Saint-Élie*, au nord ; le *Popocatepetl* et le *pic d'Orizaba* (5577 mètres), volcans en activité, sur le plateau du Mexique.

Les montagnes moyennes de l'est sont les **Alleghanys**, dont le plus haut sommet est le *Black Dome* (2044 m.).

351. Mers. — L'Amérique du Nord est baignée par trois grandes mers :

1° L'**océan Glacial Arctique** la baigne au nord, du détroit de Bering au Groenland. Il forme la *baie de Hudson*, baigne la *Terre de Baffin* et le *Groenland* ;

2° L'**océan Atlantique** la baigne à l'est, du Groenland au golfe de Darien. Il forme le *golfe du Saint-Laurent*, la *presqu'île de Floride*, le *golfe du Mexique* et la *mer des Antilles*. Il baigne *Terre-Neuve* et l'*archipel des Antilles*.

3° L'**océan Pacifique** la baigne à

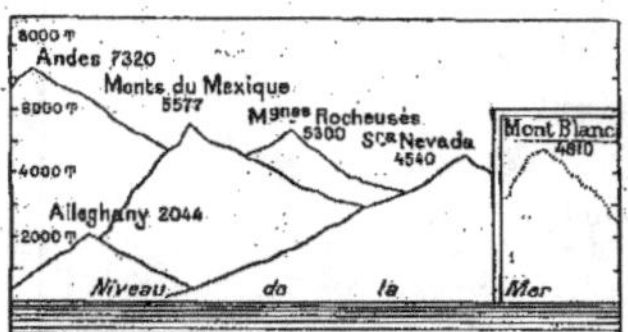

Hauteurs comparées des montagnes de l'Amérique.

l'ouest, du détroit de Bering au golfe de Panama. Il forme la *presqu'île de Californie*, le *golfe de Californie* et la *presqu'île d'Alaska*.

352. Cours d'eau. — L'Amérique du Nord a deux grands fleuves :

1° Le **Saint-Laurent**, qui sort des Grands Lacs Canadiens et se jette dans l'océan Atlantique ;

2° Le **Mississippi**, qui reçoit le *Missouri*, à droite, l'*Ohio*, à gauche, et se jette dans le golfe du Mexique ; c'est un des plus grands fleuves du monde.

353. 1re LECTURE : Les isthmes de l'Amérique centrale. — Les deux Amériques présentent la forme de deux grands triangles à la pointe tournée vers le sud. Elles sont reliées par une bande de terre très étroite qui sépare les deux océans Atlantique et Pacifique. En trois points, cette bande semble particulièrement mince : ce sont là les isthmes de l'Amérique centrale.

On en compte trois principaux : l'*isthme de Tehuantepec* (240 kil.) ; l'*isthme de Nicaragua* (273 kil.), et l'*isthme de Panama* (73 kil.).

Il est depuis longtemps question de percer l'un de ces isthmes par un canal qui relierait les deux océans. Des travaux ont été com-

mencés dans l'isthme de Panama. Des études ont été faites dans l'isthme de Nicaragua.

354. 2e LECTURE : Le Mississippi. — Le Mississippi, dont le nom signifie « Père des Eaux » ou « Grand Fleuve », prend sa source près des Grands Lacs Canadiens, d'où coule le Saint-Laurent, traverse la grande plaine centrale de l'Amérique du Nord, et se termine dans le golfe du Mexique. Il roule une masse d'eau considérable.

Dans son cours inférieur, on l'a endigué avec des levées en terre pour l'empêcher d'envahir les terres de ses rives. Ces levées ressemblent à celles qui existent, en France, le long d'une partie du cours de la Loire. Elles crèvent parfois ; le Mississippi se répand alors sur les plaines voisines, au grand dommage des riches plantations qui les couvrent.

Avec ses affluents, Missouri et Ohio, le Mississippi forme un réseau de voies navigables qui mesure plus de 5000 kilomètres.

Exercices.

Questionnaire. — 349-354. Quelle est l'étendue de l'Amérique du Nord ? Est-elle supérieure à celle de l'Europe ? Quelles sont les bornes de ce pays ? — Comment est disposé son relief ? Citer ses plus hautes montagnes, ses montagnes moyennes. — Quelles mers baignent l'Amérique du Nord ? Quelle baie forme l'océan Glacial ? Quelles îles baigne-t-il ? Quels golfes ou presqu'îles forme l'océan Atlantique ? Quelles îles baigne-t-il ? Quelles presqu'îles et quel golfe forme l'océan Pacifique ? — Quels sont les deux grands fleuves de l'Amérique du Nord ? D'où sort le Saint-Laurent ? Quels sont les affluents principaux du Mississippi ? — Dire les trois isthmes principaux de l'Amérique centrale.

Cartographie. — Dessiner la carte de l'Amérique du Nord, en indiquant : 1° les montagnes ; 2° les mers et les principaux points des côtes ; 3° les fleuves.

GÉOGRAPHIE POLITIQUE

355. Population. — L'Amérique du Nord a 100 millions d'habitants, ce qui est peu pour son étendue.

Ces habitants sont : 1° des *Peaux-Rouges*, peu nombreux, descendants des anciennes populations indigènes ; 2° des *Européens*, Anglais, Espagnols, Français, Allemands ; 3° des *Nègres*, amenés d'Afrique par les Européens, pour cultiver le sol.

356. Partage politique. — Toute l'Amérique du Nord a été colonisée par les Européens, mais elle s'est affranchie graduellement, à l'exception du Canada, qui appartient encore à l'Angleterre, et de quelques Antilles.

Les principaux États sont les États-Unis, le Mexique, et les républiques de l'Amérique centrale.

357. Canada. — Le Canada, ancienne colonie française, appartient à l'Angleterre depuis 1763 ; il a 5300000 habitants, dont 1900000 parlant encore français.

La capitale fédérale est Ottawa.

Les principales villes sont : *Halifax*, port sur l'Atlantique ; *Québec* et *Montréal*, sur le Saint-Laurent, dans le Canada français ; *Toronto*, sur les lacs.

358. États-Unis. — Les États-Unis sont d'anciennes colonies anglaises affranchies à la fin du xviiie siècle. Ils ont 76 millions d'habitants.

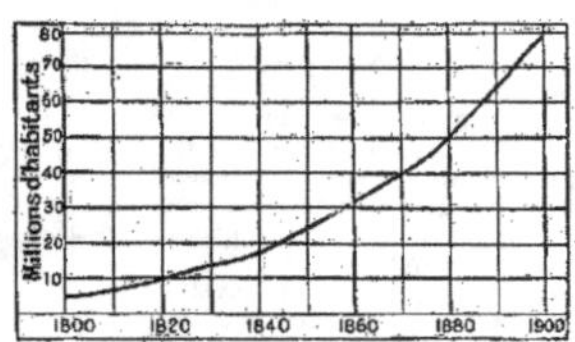

Accroissement de la population des États-Unis au xixe siècle.

La capitale fédérale est **Washington**, mais la grande ville est **New-York** (3500000 hab.), port très important sur l'Atlantique.

On peut citer encore : *Philadelphie* et *Baltimore*, ports sur l'Atlantique ; *Chicago* (1700000 hab.), et *Saint-Louis*, à l'intérieur ; *La Nouvelle-Orléans*, port sur le golfe du Mexique ; *San Francisco*, port sur le Pacifique.

Les États-Unis sont une des puissances prépondérantes du globe.

359. Mexique. — Le Mexique est une ancienne colonie espagnole affranchie au xixe siècle. Il a 12 millions d'habitants.

Sa capitale est **Mexico** (339000 hab.). On peut citer encore le port de *Vera-Cruz*, sur le golfe du Mexique.

360. Républiques de l'Amérique centrale. — L'Amérique centrale est une ancienne colonie espagnole. Elle forme aujourd'hui cinq petites républiques :

Guatemala,	cap.	Guatemala.
Salvador,	—	San Salvador.
Honduras,	—	Tegucigalpa.
Nicaragua,	—	Léon.
Costa-Rica,	—	San José.

361. Antilles. — L'archipel des Antilles a 6 millions d'habitants.

Sont indépendantes : **Cuba**, ancienne colonie espagnole, apitale *la Havane* ; **Haïti**, capitale *Port-au-Prince* ; **Saint-Domingue**.

L'Angleterre possède la **Jamaïque** et la plupart des Petites Antilles ; la France a la *Guadeloupe* et la *Martinique* ; les États-Unis ont *Porto-Rico*.

362. LECTURE : Les États-Unis. — Au xviie siècle, des émigrants anglais fondèrent sur la côte américaine de l'Atlantique septentrional un certain nombre d'établissements et de colonies qui se développèrent peu à peu. Opprimés par leur métropole, les colons anglais d'Amérique s'insurgèrent, à la fin du xviiie siècle, et, soutenus par la France, ils conquirent leur indépendance, en 1783.

Les États-Unis avaient alors trois millions et demi d'habitants. Mais, comme ils forment un pays fertile, ayant tout à la fois de riches terres à blé, des pâturages, des vignes, des plantations de coton, de cannes à sucre, de tabac, ils n'ont pas tardé à attirer une émigration nombreuse. Ils renferment maintenant 76 millions d'habitants.

Les États-Unis ne sont pas seulement un riche pays agricole ; ils renferment sur leur territoire de nombreuses mines de houille, de pétrole et de minerais divers, ce qui leur a permis de devenir rapidement un grand pays industriel. Ils sont déjà au nombre des plus grands producteurs du monde.

Dans ce pays qui a eu un développement si rapide, les villes naissent, grandissent, deviennent considérables en quelques années.

C'est ainsi que la ville de Chicago n'existait pas en 1830 ; sur son emplacement, il n'y avait qu'un fort. En 1850, elle comptait déjà 30 000 habitants ; en 1880, elle en avait 503 000 ; en 1890, le recensement en dénombrait 1 100 000 ; enfin le recensement

Amérique du Nord politique.

Amérique du Nord physique.

de 1900 y a trouvé 1 698 000 habitants. D'autres villes, comme Saint-Louis, et San Francisco, sans être devenues aussi considérables, ont eu un accroissement rapide. Les Américains appellent ces villes les « cités-champignons ».

Exercices.

Questionnaire. — 355-357. Combien l'Amérique du Nord a-t-elle d'habitants ? A quelles races appartiennent-ils ? Qui a colonisé l'Amérique ? Quels sont les pays encore soumis aux Européens ? Quels sont les principaux États indépendants ? — Qu'est-ce que le Canada ? A qui appartient-il maintenant ? Quelle est sa capitale fédérale ? Quelles sont ses principales villes ? Y trouve-t-on des hommes de race française ?

358-362. Qu'est-ce que les États-Unis ? Combien ont-ils d'habitants ? Que sont ces habitants en majorité ? Quelles sont la capitale et les principales villes sur l'Atlantique ? dans l'intérieur ? sur le golfe du Mexique, sur le Pacifique ? Quelles sont les principales ressources des États-Unis ? — Qu'est-ce que le Mexique ? Quelle est sa capitale ? Quel est son principal port ? — Citer les cinq républiques de l'Amérique centrale, avec leurs capitales. — Quelles sont les trois républiques indépendantes des Antilles ? Que possèdent dans cet archipel l'Angleterre ? la France ? les États-Unis ?

Cartographie. — Dessiner la carte de l'Amérique du Nord en indiquant la situation des principaux États avec leurs capitales et leurs villes principales ; souligner les ports.

Devoir. — Décrire les États-Unis ; raconter leur origine, leur développement ; indiquer leurs ressources et leurs principales villes.

CHAPITRE VII

AMÉRIQUE DU SUD

GÉOGRAPHIE PHYSIQUE

363. Bornes, étendue. — L'Amérique du Sud est un peu moins étendue que l'Amérique du Nord ; elle a 17 800 000 kilomètres carrés (un peu moins de 2 fois l'Europe).

Ses bornes sont : au nord, la *mer des Antilles* ; — au nord-est et à l'est, l'*océan Atlantique* ; — à l'ouest, l'*océan Pacifique*.

364. Relief. — Comme l'Amérique du Nord, l'Amérique du Sud comprend : 1° une zone de hautes montagnes, à l'ouest ; 2° une zone de montagnes moyennes, à l'est ; 3° une zone de plaines au centre.

Les hautes montagnes de l'ouest forment la *Cordillère des Andes*, qui encadre le *plateau de Bolivie*. Les principaux sommets sont le *Chimborazo* et l'*Aconcagua* (7 320 m.). La plupart des montagnes des Andes sont des volcans.

Les principales hauteurs de l'est sont le *plateau des Guyanes* et le *plateau du Brésil*.

365. Mers. — L'Amérique du Sud est baignée par trois mers : la *mer des Antilles*, l'*océan Atlantique* et l'*océan Pacifique*.

1° La **mer des Antilles**, au nord, forme le *lac Maracaïbo* ;

2° L'**océan Atlantique**, à l'est, forme le *cap San-Roque*, la *baie de Tous-les-Saints* et le *Rio de la Plata* ; au sud, se trouvent les *îles Malouines*, le *détroit de Magellan* et la *Terre de Feu* ;

3° L'**océan Pacifique**, à l'ouest, a des côtes très peu découpées.

366. Cours d'eau. — L'Amérique du Sud a trois grands cours d'eau, tous tributaires de l'océan Atlantique.

Ces cours d'eau sont :

1° L'**Orénoque**, qui se termine par un vaste delta ;

2° Le **Marañon ou Fleuve des Amazones**, qui coule de l'ouest à l'est, parallèlement à l'équateur et tout près de lui, dans une région qui reçoit beaucoup de pluie : c'est le fleuve de la terre qui roule le plus d'eau ;

3° Le **Rio de la Plata**, formé par la réunion de trois rivières, le *Paraguay*, le *Parana* et l'*Uruguay*.

367. 1re Lecture : Les Andes. — Les Andes sont, après l'Himalaya, la plus haute chaîne de montagnes du globe ; leurs plus hauts sommets sont de 1500 mètres environ inférieurs au plus haut sommet de l'Himalaya. En revanche, la Cordillère est plus longue que la grande chaîne asiatique.

Les Andes se divisent sur plusieurs points en deux ou trois chaînes parallèles, entre lesquelles s'étendent de hautes vallées ou

de grands plateaux. Leur plus grand écartement se trouve vers la moitié de leur longueur. Elles renferment en ce point le *plateau de Bolivie*, au centre duquel est le *lac de Titicaca*. Le plateau de Bolivie est aussi haut que le Pamir ou le Thibet, en Asie : c'est une contrée froide, peu productive, peu habitable.

Les cols des Andes sont presque tous ouverts à une grande hauteur et d'autant plus difficiles à franchir qu'ils s'élèvent à une distance relativement peu grande de la côte.

368. 2° Lecture : Le fleuve des Amazones. — Le fleuve des Amazones n'est pas le fleuve le plus long de la terre, bien qu'il ait près de 6 000 kilomètres ; le Nil vient avant lui ; mais c'est le fleuve le plus puissant, celui qui roule de beaucoup la plus grande quantité d'eau.

Dans son cours moyen, la largeur du fleuve des Amazones est déjà telle que d'un bord on n'aperçoit pas l'autre. Quand vient l'époque des pluies, le fleuve grossit considérablement ; son niveau s'élève de 10 mètres et plus ; ses eaux débordent alors sur ses deux rives qu'elles recouvrent sur une lar-

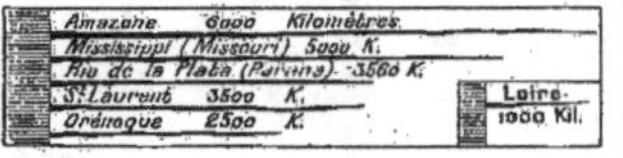

Longueur comparée des principaux fleuves d'Amérique.

geur de 100 à 200 kilomètres : c'est alors moins un fleuve qu'une véritable mer. Au temps de ces crues, le fleuve des Amazones verse dans l'océan Atlantique une masse d'eau si considérable qu'en face de l'embouchure la surface de la mer est couverte d'eau douce jusqu'à 20 kilomètres, et davantage, de la côte.

Exercices.

Questionnaire. — 363-368. Quelle est l'étendue de l'Amérique du Sud ? Quelles sont ses limites ? — Quelle est la disposition de son relief ? Quelles sont ses principales montagnes et leurs plus hauts sommets ? — Quelles mers la baignent ? Que trouve-t-on dans l'océan Atlantique, sur la côte ou près de l'Amérique du Sud ? — Quels sont les principaux cours d'eau ? Quel est le fleuve de la terre qui roule la plus grande quantité d'eau ?

Cartographie. — Dessiner la carte de l'Amérique du Sud en indiquant les mers, les montagnes et les fleuves.

GÉOGRAPHIE POLITIQUE

369. Population. — L'Amérique du Sud, encore moins peuplée relativement que l'Amérique du Nord, n'a que 37 millions d'habitants.

Ces habitants sont des *Peaux-Rouges*, descendants des anciennes populations indigènes, et des *Européens*, principalement Espagnols et Portugais, descendants des colons qui les premiers colonisèrent ce pays.

370. Partage politique. — Au commencement du xix° siècle, l'Amérique du Sud était presque toute aux mains des Espagnols et des Portugais. Elle a conservé la religion catholi-

que et les deux langues que ces peuples y avaient introduites ; mais elle s'est depuis lors affranchie de leur domination.

Actuellement elle forme 10 républiques indépendantes, et on n'y trouve plus que trois petites colonies européennes.

371. États du Pacifique. — Sur le Pacifique, ou près de cette mer, on trouve cinq États :

1° **La Colombie**, qui a pour capitale *Bogota*, et pour autre ville importante *Panama*, port sur le Pacifique ;

2° **L'Équateur**, petite république située sous l'équateur, capitale *Quito* ;

3° **Le Pérou**, pays très riche en mines, capitale *Lima* ;

4° **La Bolivie**, pays minier, sans côte sur le Pacifique, capitale *la Paz* ;

5° **Le Chili**, longue et étroite bande de terre, le long du Pacifique, capitale *Santiago* (336 000 hab.) ; autre grande ville, *Valparaiso*, port de Santiago et principal port de l'Amérique du Sud sur le Pacifique.

372. États de l'Atlantique. — Les pays qui ont leur débouché sur l'Atlantique sont :

1° Le **Venezuela**, situé sur la mer des Antilles, capitale *Caracas* ;

Los llanos.

2° Le **Brésil**, qui occupe à lui seul un peu plus de la moitié de l'Amérique du Sud et compte 16 millions d'habitants, capitale, *Rio-de-Janeiro* (522 000 hab.), grand port ; autre villes importantes, *Pernambuco* et *Bahia*, ports ;

3° Le **Paraguay**, petit État au centre de l'Amérique du Sud ; capitale *Asuncion* ;

4° **L'Uruguay**, au sud du Brésil, sur la côte, capitale *Montevideo* (175 000 hab.), grand port ;

5° **La République Argentine**, qui a pour capitale *Buenos-Aires*, grande ville de 795 000 habitants.

373. Colonies européennes. — Les trois colonies européennes de l'Amérique du Sud sont :

La *Guyane anglaise*, capitale George-town ;

La *Guyane hollandaise*, capitale Paramaribo ;
La *Guyane française*, capitale Cayenne.

374. LECTURE : Les produits de l'Amérique du Sud. — L'Amérique du Sud a jusqu'à ce jour reçu moins de colons européens que l'Amérique du Nord, qui se trouvait en face de l'Europe, et, pour ainsi dire, plus à sa portée. Elle a pourtant de très riches ressources agricoles.

On y distingue quatre grandes zones de végétation :

1° Au nord, sont les *llanos*, grandes plaines herbeuses qui servent surtout à l'élevage du gros bétail. On y voit d'immenses troupeaux de bœufs, de chevaux et de mulets.

2° Dans le bassin de l'Amazone, le pays est couvert d'immenses *forêts vierges*, formées d'arbres énormes et serrés les uns contre les autres, de plus unis entre eux par des paquets de lianes, semblables à des cordages. On y trouve l'acajou, le palissandre, le caoutchouc.

3° Sur les plateaux du Brésil, le sol et le climat conviennent à la culture des plantes tropicales. Suivant l'altitude et l'exposition, on y cultive le riz, le coton, la canne à sucre, le tabac, le café, les cé-

Amérique du Sud politique.

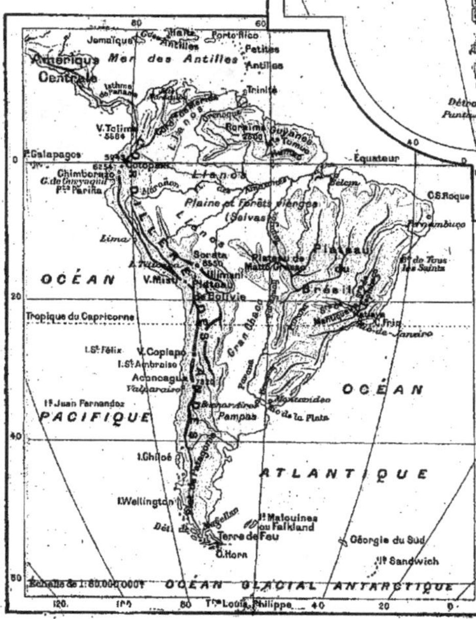

Amérique du Sud physique.

réales. Le Brésil est le pays du monde qui donne le plus de café ; il produit, à lui seul, les trois quarts du café qui est récolté annuellement sur notre globe.

4° Au sud, s'étendent les *Pampas*, grandes plaines, qui servent surtout à l'élevage, mais qu'on conquiert graduellement à la culture. Actuellement, la République Argentine, qui renferme la zone des pampas, envoie en Europe beaucoup de bétail et de viandes.

Exercices.

Questionnaire. — 369-374. Combien l'Amérique du Sud a-t-elle d'habitants? Quels sont ces habitants? Quels États comprend l'Amérique du Sud? — Citer les cinq États voisins du Pacifique? Quelle est la capitale de la Colombie? de l'Équateur? du Pérou? de la Bolivie? du Chili? — Citer les cinq États voisins de l'Atlantique? Quelle est la capitale du Venezuela? la capitale du Brésil? du Paraguay? de l'Uruguay? de la République Argentine? — Quelles sont les colonies européennes de l'Amérique du Sud? — Quelle est la capitale de la Guyane française?

Cartographie. — Dessiner l'Amérique du Sud, en indiquant les dix États qu'on y trouve, leurs capitales, leurs très grandes villes, sans oublier les colonies européennes; on soulignera les ports.

Devoir. — Décrire les zones de végétation et les produits de l'Amérique du Sud.

CHAPITRE VIII

OCÉANIE

375. Étendue — On nomme *Océanie* l'ensemble des terres situées dans l'océan Pacifique.

L'océan Pacifique mesure une superficie de 175 millions de kilomètres carrés; l'Océanie en a 12 000 000.

376. Division. — On divise généralement l'Océanie en cinq parties qui sont : la *Malaisie*, l'*Australasie*, la *Mélanésie*, la *Micronésie* et la *Polynésie*.

1° La **Malaisie** comprend les archipels voisins de l'Asie, *îles de la Sonde*, *Philippines*;

2° L'**Australasie** comprend l'*Australie* et la *Nouvelle-Zélande*;

3° La **Mélanésie** comprend principalement la *Nouvelle-Guinée*;

4° La **Micronésie** comprend les *Carolines*, les *Mariannes*;

5° La **Polynésie** comprend toutes les petites îles situées dans la partie orientale du Pacifique.

377. Partage politique. — Toute l'Océanie appartient aujourd'hui à des peuples étrangers.

Les peuples étrangers qui ont le plus de terres en Océanie sont : l'*Angle-*terre, la *Hollande*, la *France*, l'*Allemagne* et les *États-Unis*.

378. Possessions anglaises. — L'Angleterre possède, en Océanie, l'*Australie*, la *Nouvelle-Zélande*, et d'autres terres moins importantes :

1° L'**Australie**, qui est grande comme les trois quarts de l'Europe, a 4 millions d'habitants. Ses principales villes sont *Sydney* (423 000 hab.) et *Melbourne* (469 000 hab.);

2° La **Nouvelle-Zélande** a 770 000 habitants, capitale *Auckland*.

379. Possessions hollandaises. — La Hollande possède presque toutes les îles de la Sonde, où elle a 35 millions de sujets.

La principale île est Java qui renferme 27 millions d'habitants, et qui a pour capitale *Batavia*.

380. Autres colonies. — Les trois autres pays ont des colonies moins importantes :

1° La **France** a plusieurs petits archipels, entre autres la *Nouvelle-Calédonie* et *Tahiti*;

2° L'**Allemagne** a les *Carolines*, les *Mariannes* et une partie de la *Nouvelle-Guinée*;

3° Les **États-Unis** ont les *Philippines*, 8 millions d'habitants, capitale Manille, et les îles *Sandwich* ou *Hawaii*, capitale Honoloulou.

381. Lecture : L'Australie. — A elle seule, l'Australie forme les trois quarts de l'étendue de toute l'Océanie; c'est moins une île qu'un petit continent.

La majeure partie de l'intérieur est d'une extrême sécheresse et par suite presque entièrement déserte. Mais sur les côtes du sud-est s'étendent les pâturages où l'on élève les fameux moutons mérinos, dont la laine est partout renommée. En outre, l'Australie renferme des mines de métaux précieux, principalement des mines d'or.

L'Australie, qui n'avait été longtemps qu'une colonie de déportation, s'est peuplée de colons libres depuis la découverte des mines d'or.

Exercices.

Questionnaire. — 375-381. Qu'appelle-t-on Océanie? Quelle est son étendue? Quelles sont ses cinq grandes divisions? Quels sont les peuples étrangers qui y possèdent le plus de colonies? — Quelles sont les possessions de l'Angleterre en Océanie? Quelles sont les grandes villes d'Australie? de Nouvelle-Zélande? — Quelles sont les possessions de la Hollande? Quelle est leur principale île? Quelle est la capitale de Java? — Quelles colonies possède la France? l'Allemagne? les États-Unis? Quelle est la capitale des Philippines?

Cartographie. — Dessiner l'océan Pacifique, en indiquant l'emplacement de la Malaisie, de l'Australasie, de la Mélanésie, de la Micronésie, de la Polynésie.

Devoir. — Décrire l'Australie, ses ressources, sa population, ses principales villes.

RÉSUMÉ ET AIDE-MÉMOIRE

LA FRANCE

LIVRE I

GÉOGRAPHIE PHYSIQUE

CHAP. I. Notions générales (37-42). — La France, ancienne Gaule, est située dans l'Europe occidentale. Ses limites sont : la *mer du Nord*, la *Manche*, l'*océan Atlantique*, les *Pyrénées*, la *Méditerranée*, les *Alpes*, le *Jura*, les *Vosges*, et une *frontière conventionnelle*, allant des Vosges à la mer du Nord. *Pays limitrophes* : Espagne, Italie, Suisse, Allemagne, Belgique.

Superficie : 536 000 kilomètres carrés; la 18e partie de l'Europe.

CHAP. II. Géologie (43-47). — La France a : 1° des *terrains primitifs et primaires*, granits, schistes (Massif central, Bretagne, Pyrénées, Alpes, Vosges, Ardennes); — 2° des *terrains secondaires*, calcaires, craie (Jura, Bourgogne, Champagne; Berri, Poitou; Causses; Alpes); — 3° des *terrains tertiaires*, sable, argile, marne (Bassin de Paris, plaine de la Garonne); — 4° quelques *terrains quaternaires*, principalement des laves (Auvergne).

CHAP. III. Montagnes et plaines (48-69). — La France a cinq massifs montagneux principaux : le *Massif central*, les *Pyrénées*, les *Alpes*, le *Jura* et les *Vosges*.

Le **Massif central** (55-57) occupe le centre de la France. Son talus oriental est formé par les Cévennes (Mézenc, 1 754 m.). Au centre, sont les *monts d'Auvergne*, caractérisés par leurs anciens volcans (Puy de Sancy, 1 886 m.). Il comprend encore : au N., le *Morvan*; à l'O., les *monts du Limousin*; au S., les plateaux calcaires des *Causses*.

Les **Pyrénées** (58-61) séparent la France de l'Espagne. Leur principal sommet est le pic d'Anéto (3 404 m.), dans la Maladetta. Les cols y sont rares et difficiles, sauf aux deux extrémités de la chaîne où passent deux voies ferrées.

Les **Alpes** (62-65) séparent la France de l'Italie. On les divise en *Alpes de Savoie* (Mont-Blanc, 4 810 m.), *Alpes du Dauphiné* et *Alpes de Provence*. Elles sont couvertes de neiges et de glaciers. Malgré leur hauteur, on les franchit assez facilement : routes du Mont-Cenis, du Mont-Genèvre, du col de Tende, tunnel dit du Mont-Cenis. — On rattache les *monts de Corse* au système des Alpes.

Le **Jura** sépare la France de la Suisse; il est formé de rangées parallèles : point culminant, le Crêt de la Neige (1 723 m.).

Les **Vosges**, séparées du Jura par la trouée de Belfort, sont peu élevées; leurs sommets sont appelés *ballons* : point culminant, le Ballon de Guebwiller (1 426 m.).

Outre ces principales montagnes, la France a : 1° des collines et des plateaux, *Côte d'Or*, *plateau de Langres*, *plateau des Ardennes*; *collines du Perche*, *collines de Normandie*, *monts de Bretagne*; — 2° des plaines, *plaine du Bassin de Paris*, *plaine de la Garonne*, *plaine du Bas-Languedoc*.

CHAP. IV. Cours d'eau (70-75). — La France a deux versants principaux : 1° le *versant du Nord-Ouest*, qui aboutit à la mer du Nord, à la Manche, à l'océan Atlantique; il comprend comme fleuves principaux : la Seine, la Loire, la Garonne, et comme fleuves secondaires, la Somme, l'Orne, la Vilaine, la Charente et l'Adour; — 2° le *versant du Sud-Est*, ou de la Méditerranée, qui comprend le Rhône, l'Aude, l'Hérault et le Var.

Fleuves de la mer du Nord (76-79) : la *Moselle*, née dans les Vosges et grossie de la Meurthe; — la *Meuse*, issue du plateau de Langres; — l'*Escaut*, qui coule dans la plaine de Flandre. Tous ces fleuves ne sont français que dans leur cours supérieur.

Fleuves de la Manche (80-84) : la *Somme*, rivière picarde; — la *Seine*, fleuve doux et régulier, qui sort du plateau de Langres, traverse le bassin de Paris, et se termine en Normandie. Elle reçoit : à droite, l'Aube, la Marne, l'Oise grossie de l'Aisne; à gauche, l'Yonne, le Loing, l'Eure; — l'*Orne*, rivière normande.

Fleuves de l'Atlantique (85-93) : la *Vilaine*, rivière bretonne; — la *Loire*, fleuve irrégulier, dangereux par ses inondations, peu navigable, qui prend sa source au mont Gerbier de Jonc, dans les Cévennes, pour se terminer en Bretagne; elle reçoit : à droite, la Nièvre et la Maine (réunion du Loir, de la Sarthe et de la Mayenne); à gauche, l'Allier, le Cher, l'Indre et la Vienne, grossie de la Creuse; — la *Charente*, petit fleuve angoumois et saintongeais; — la *Garonne*, fleuve assez irrégulier, qui descend du Val d'Aran, dans les Pyrénées centrales, en Espagne, traverse la plaine de la Garonne, et se termine sous le nom de Gironde; elle reçoit : à droite, l'Ariège, le Tarn grossi de l'Aveyron, le Lot et la Dordogne; à gauche, le Gers et la Baïse; — l'*Adour*, rivière issue des Pyrénées et grossie du Gave de Pau.

Fleuves de la Méditerranée (94-98) : l'*Aude*, descendue des Pyrénées; — l'*Hérault*, qui descend des Cévennes; — le *Rhône*, qui naît en Suisse, dans les Alpes centrales, entre en France à la sortie du lac de Genève, coule toujours rapide et torrentueux, vers l'ouest jusqu'à Lyon, puis vers le sud en aval de Lyon, et se termine par deux bras qui enserrent le delta de la Camargue; il reçoit : à droite, la Saône, douce et paisible rivière, très navigable, grossie du Doubs, l'Ardèche et le Gard; à gauche, l'Isère, la Drôme et la

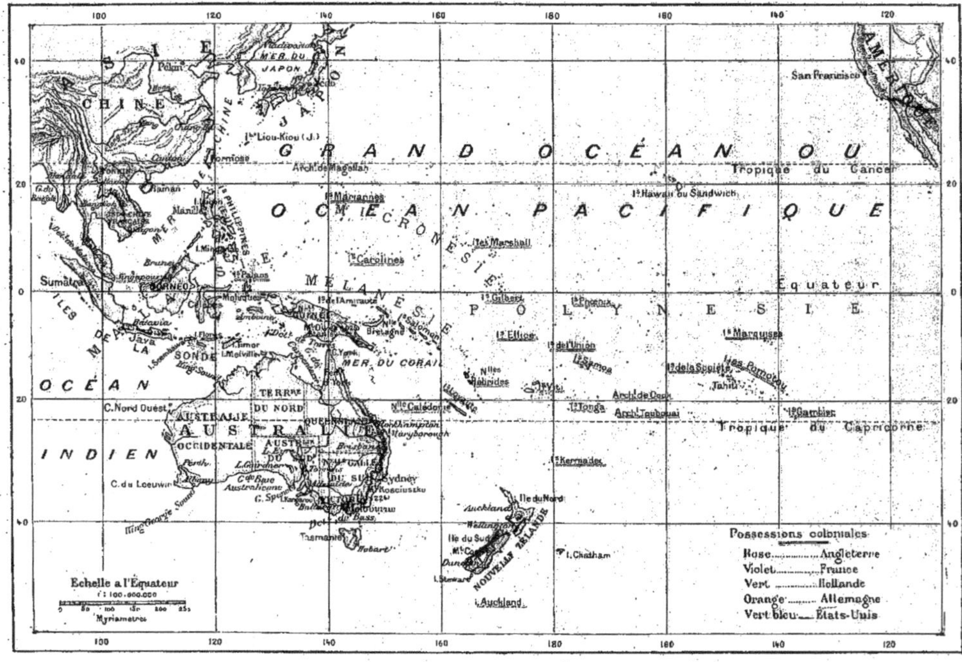

Océanie.

Durance, torrents venus des Alpes ; — le *Var*, petit torrent côtier ; — le *Golo*, en Corse.

CHAP. V. Mers et littoral (99-114). — La France est baignée par quatre grandes mers : 1° la *mer du Nord*, au nord ; — 2° la *Manche*, au nord-ouest, unie à la mer du Nord par le Pas de Calais, et s'étendant du cap Gris-Nez à la pointe Saint-Mathieu ; — 3° l'*océan Atlantique*, à l'ouest, de la pointe Saint-Mathieu à l'embouchure de la Bidassoa ; — 4° la *Méditerranée*, au sud-est, du cap Cerbère aux Alpes-Maritimes : cette dernière mer n'a pas de marées.

Le littoral de la mer du Nord est bas, bordé de dunes de sables ; il se termine sur le Pas-de-Calais par les falaises du *cap Gris-Nez*.

Le littoral de la Manche est bas jusqu'à la Somme ; formé de falaises et de plages de sable en Normandie, le long du *cap de la Hève* et de la *baie de Seine* ; enfin, rocheux et découpé le long de la *presqu'île du Cotentin*, et de la Bretagne, où l'on trouve le *golfe de Saint-Malo* et les *Sept-Iles*.

Le littoral de l'océan Atlantique est rocheux et découpé en Bretagne, au nord de l'estuaire de la Loire, île d'*Ouessant*, *rade de Brest*, *baie de Douarnenez*, *presqu'île de Quiberon*, *Belle-Ile*, *golfe du Morbihan* ; moins découpé et bordé de marais salants, entre la Loire et la Gironde, îles de *Noirmoutier*, *Ré*, *Oléron* ; formé de rangées de dunes au sud de la Gironde, *bassin d'Arcachon*, jusqu'à l'Adour où les rochers reparaissent au pied des Pyrénées.

Le littoral de la Méditerranée est marécageux, le long du *golfe du Lion*, à l'ouest du Rhône ; rocheux et découpé, le long de la Provence, à l'est du Rhône, *étang de Berre*, rade de *Toulon*, *îles d'Hyères*. La Corse a des côtes découpées à l'ouest, plates à l'est.

CHAP. VI. Climat (115-118). — Le climat de la France est tempéré, avec des températures rarement extrêmes en froid ou en chaud, et des pluies moyennes, assez fréquentes mais peu abondantes.

On distingue en France trois régions de climat maritime, particulièrement tempéré : climats *breton, girondin, parisien* ; — trois régions de climat continental, à variations plus marquées : climats *auvergnat, vosgien, lyonnais* ; — enfin, un climat particulier, le climat *méditerranéen*, surtout remarquablement sec et brillant.

LIVRE II

GÉOGRAPHIE HISTORIQUE, POLITIQUE ET ADMINISTRATIVE

CHAP. I. Population de la France (119-123). — La France a 39 millions d'habitants, 72 en moyenne par kilomètre carré. Sa population s'accroît annuellement de 60 000 âmes. Les régions les plus peuplées sont Paris et les pays industriels, région du Nord, région lyonnaise ; les moins peuplées sont les régions montagneuses, Alpes, Causses.

CHAP. II-IV. Provinces et départements (124-128). — Avant la Révolution, la France était divisée en 33 provinces ou gouvernements, très inégaux en étendue (Guyenne et Gascogne, 9 départements ; Aunis et Saintonge, 1 département). L'Assemblée constituante, en 1789, institua la division en départements ; il y a actuellement 86 départements et 1 territoire.

(Pour les provinces et départements, se reporter aux tableaux des pages 19, 21 et 22.)

CHAP. V. France administrative (129-135). — La France est une république. Elle est gouvernée par un *pouvoir exécutif* (Président de la République et ministres) et par un *pouvoir législatif* (Sénat et Chambre des députés).

L'administration civile repose sur la division de la France en départements, arrondissements, cantons et communes. Le *département* est administré par un préfet et un conseil général ; l'*arrondissement* par un sous-préfet et un conseil d'arrondissement ; chaque *canton* nomme un conseiller général ; la *commune* est administrée par un maire et un conseil municipal.

L'administration judiciaire comprend un *juge de paix* par canton, un *tribunal de 1ʳᵉ instance* par arrondissement, 26 *cours d'appel* et une *Cour de cassation*. En outre, une *Cour d'assises* se réunit périodiquement dans chaque département.

L'instruction publique comprend l'enseignement primaire, l'enseignement secondaire et l'enseignement supérieur. La France forme 16 circonscriptions universitaires, ou *universités*.

L'organisation militaire comprend 20 régions militaires, ou *corps d'armée*, pour l'armée de terre qui est forte de 535 000 hommes ; — et 5 *arrondissements maritimes*, pour l'armée de mer, ces arrondissements ayant pour chefs-lieux les 5 ports militaires, Cherbourg, Brest, Lorient, Rochefort, Toulon.

La défense des frontières comprend quelques places fortes près des Pyrénées (Bayonne, Perpignan), près des Alpes (Nice, Grenoble) et du Jura (Lyon, Besançon). — Au N.-E., où il n'existe qu'une frontière artificielle, la France est protégée par trois lignes de places fortes : 1° Belfort, Epinal, Toul, Verdun, Lille ; 2° Besançon, Dijon, Langres, Reims, Laon ; 3° Paris et ses forts détachés.

LIVRE III
GÉOGRAPHIE ÉCONOMIQUE

CHAP. I-II. Voies de communication (136-151). — La France possède 670 000 kilomètres de routes, 13 500 kilomètres de voies navigables (rivières et canaux) et 43 300 kilomètres de voies ferrées.

Les routes sont divisées en *routes nationales*, *routes départementales* et *chemins vicinaux*.

Les voies navigables comprennent des *rivières*, Escaut, Somme, Seine, Saône ; des *canaux latéraux*, comme ceux qui longent la haute Loire et la Garonne ; des *canaux de jonction*, qui réunissent deux bassins fluviaux, comme les canaux de la Marne au Rhin, de l'Est, de Bourgogne, du Centre, du Loing, de Nantes à Brest, et du Midi ou des Deux-Mers.

Les voies ferrées appartiennent principalement à sept grandes compagnies : *Nord*, Paris à Calais, Paris à Lille, Paris à Maubeuge ; — *Est*, Paris à Strasbourg, Paris à Belfort ; — *Paris-Lyon-Méditerranée*, Paris à Lyon et Marseille, Paris à Nîmes ; — *Orléans*, Paris à Toulouse, Paris à Bordeaux, Paris à Nantes ; — *Midi*, Bordeaux à Bayonne, Bordeaux à Cette ; — *Ouest*, Paris à Brest, Paris à Cherbourg, Paris au Havre ; — *État*, Paris à Bordeaux, par Saumur et Niort ; Nantes à Bordeaux.

CHAP. III. Agriculture (152-161). — On distingue en France trois zones de végétation : la *zone méditerranéenne*, au S.-E., où croissent l'olivier, l'oranger et le mûrier, en même temps que la vigne ; la *zone moyenne*, où croît la vigne, mais où ne croissent plus les autres plantes méditerranéennes ; la *zone du Nord-Ouest*, où la vigne ne mûrit plus.

Les principales ressources agricoles de la France sont : 1° les *cultures alimentaires*, blé, pomme de terre, vigne ; la France produit à peu près autant de blé qu'elle en consomme ; c'est de beaucoup le pays du monde qui produit le plus de vin ; — 2° les *cultures industrielles*, betterave, lin et chanvre ; la région du Nord est celle où l'on cultive surtout la betterave ; — 3° les *produits de l'élevage*, chevaux du Boulonnais, du Perche, de Bretagne ; bœufs de Flandre, de Normandie, du Morvan, du Charolais, d'Auvergne, vaches bretonnes ; moutons de Champagne, du Berri, des Causses.

On peut citer quelques produits secondaires : maïs (régions de la Garonne et de la Saône), tabac, colza, forêts, arbres fruitiers, légumes et primeurs, vers à soie (région du mûrier), volailles.

CHAP. IV. Mines et carrières (162-167). — La France produit : 1° des *matériaux de construction*, granits, ardoises d'Angers et des Ardennes, marbres des Pyrénées, pierres à bâtir ; — 2° des *minerais et métaux*, toutefois le fer seul en abondance ; — 3° de la *houille*, environ 32 millions de tonnes, 10 de moins qu'elle n'en consomme : bassins du Nord et du Pas-de-Calais, de la Loire, de Saône-et-Loire, du Gard.

Elle a, en outre, des marais salants et de nombreuses sources d'eaux minérales.

CHAP. V. Industrie (168-173). — La France a trois sortes d'industries principales : 1° les *industries alimentaires*, meunerie (Corbeil), raffinerie (région du Nord), distillerie (eaux-de-vie de Cognac), brasserie ; — 2° les *industries textiles*, fabrication des lainages (Roubaix, Sedan, Elbeuf), des cotonnades (Tourcoing, Rouen, Roanne), des soieries (Lyon et Saint-Étienne), des toiles de chanvre et de lin ; — 3° les *industries mécaniques*, en particulier la métallurgie (Nancy et sa banlieue, région du Nord, Le Creusot, Saint-Étienne).

Le Nord et le Nord-Est sont les principales régions industrielles de toute la France.

CHAP. VI. Commerce (174-179). — Le commerce extérieur de la France s'élève à 9 milliards de francs (importation 5 milliards, exportation 4 milliards). Les *importations* consistent en denrées coloniales, minerais et matières nécessaires à l'industrie, coton, laine, soie ; — les *exportations* en vins, beurres et fromages, tissus divers, confections et nouveautés.

C'est avec l'Angleterre, la Belgique, l'Allemagne et les États-Unis que la France fait le plus de trafic.

LIVRE IV
LES RÉGIONS NATURELLES

1. Massif central (181-185) : Région montagneuse, au climat rude et inégal, aux rivières rapides et torrentielles (Loire, Allier, Dordogne, Tarn). Les productions végétales y sont médiocres. On y trouve de la houille, du plomb, des eaux minérales, mais les voies de communication sont difficiles. Les habitants émigrent volontiers.

Principales villes : *Saint-Étienne* (146 000 hab.), grand centre industriel ; *Roanne*, cotons ; *Clermont-Ferrand* ; *Limoges*, porcelaines.

2. Région du Jura (186-189) : Montagneuse et froide avec des forêts et des pâturages. Principale industrie, l'*horlogerie*.

Principale ville, *Besançon*.

3. Plaine de la Saône (190-192) : Grande plaine aux étés chauds, aux hivers froids, arrosée par la Saône. Produits : maïs, blé, vins de la Côte-d'Or.

Principales villes : *Dijon*, vins ; *Mâcon* et *Chalon-sur-Saône* ; enfin *Lyon* (459 000 hab.), soieries.

4. Région des Alpes (193-196) : Entièrement montagneuse, au climat rude, ayant des forêts, des pâturages, peu de cultures, quelques sources d'eaux minérales. Voie ferrée de Paris à Turin par le tunnel dit du Mont-Cenis.

Principales villes : *Grenoble*, en Dauphiné ; *Chambéry*, en Savoie ; *Aix-les-Bains*.

5. Région méditerranéenne (197-200) : Elle comprend la région des Alpes-Maritimes, montagneuse, vivant de la pêche et du séjour des étrangers dans les villes de la côte ; le Bas-Languedoc, qui vit de la viticulture, et la Corse.

Principales villes : *Nice* (105 000 hab.), station hivernale ; *Toulon* (101 000 hab.), port de guerre ; *Marseille* (491 000 hab.), notre premier port de commerce ; *Nîmes*, *Montpellier*, *Béziers* ; en Corse, *Bastia* et *Ajaccio*.

6. Région des Pyrénées (202-205) : Montagneuse, forêts et pâturages, marbres, eaux minérales (Luchon), peu de cultures.

Principales villes : *Bayonne* et *Pau*, à l'ouest ; *Perpignan*, à l'est.

7. Plaine de la Garonne (206-209) : Basse, au climat tiède, au sol fertile, sauf près de la mer (dunes et landes). Principaux produits : blé et vignes (crus du Bordelais).

Principales villes : *Bordeaux* (257 000 hab.), grand port ; *Agen* et *Montauban* ; *Toulouse* (149 000 hab.).

8. Région de l'Ouest (210-212) : Elle comprend la Vendée, pays de bois et de pâturages ; le Poitou, l'Angoumois et la Saintonge, qui sont cultivés en blé et en vignes ; l'Aunis, région côtière, bordée de marais salants et de parcs à huîtres. Industrie des eaux-de-vie de Cognac.

Principales villes : *Poitiers* ; *Angoulême*, papier ; *Rochefort*, port de guerre ; *la Rochelle*, port de commerce.

9. Bretagne (214-217) : Grande presqu'île, formée de terrains anciens, au relief peu élevé, au climat humide et tempéré. L'intérieur est pauvre ; landes. La côte est plus favorisée ; elle a les avantages de la pêche.

Principales villes : *Nantes* (133 000 hab.), port sur la Loire ; *Saint-Nazaire* ; *Lorient* et *Brest*, ports militaires ; *Rennes*.

10. Pays de la Loire (218-220) : Région de plaines en général fertiles, traversée par la Loire qui, malheureusement, n'est pas navigable.

Principales villes : *Bourges* ; *Orléans* ; *Tours* ; *Angers*, ardoisières ; *Le Mans*.

11. Normandie (221-224) : Région de collines et de petites montagnes, ouverte sur la Manche, au climat humide et doux, ayant surtout des pâturages et vivant de l'élevage. Industries textiles, laine et coton, le long de la Basse-Seine.

Principales villes : *Cherbourg*, port militaire ; *Caen* ; *Louviers* et *Elbeuf*, draps ; *Rouen* (116 000 hab.), port et industrie cotonnière ; *le Havre* (130 000 hab.), notre second port de commerce.

12. Région du Nord (226-229) : Vaste plaine, au climat humide et déjà froid, aux rivières régulières (Escaut, Somme), aux canaux nombreux. Riche région agricole ; mines de houille ; industries de toute sorte. C'est, après Paris, la plus peuplée de la France.

Principales villes : *Lille* (210 000 hab.), place forte, manufactures ; *Roubaix* (142 000 hab.), draps ; *Tourcoing*, *Saint-Quentin* et *Amiens*, industries ; *Dunkerque*, *Calais* et *Boulogne*, ports.

13. Région parisienne (230-233) : Plaines baignées par la Seine, riches surtout comme agriculture (Beauce, Brie, vins de Champagne).

Principales villes : *Paris* (2 714 000 hab.), capitale de la France ; *Troyes*, bonneterie ; *Reims* (107 000 hab.), tissages, vins ; *Versailles*, château.

14. Région de l'Est (234-237) : Elle comprend les Vosges, la Lorraine et les Ardennes ; pays de climat inégal, arrosé par la Moselle et la Meuse. La région est surtout industrielle (métallurgie).

Principales villes : *Nancy* (102 000 hab.), *Épinal*, *Sedan*, villes industrielles.

LIVRE V
LES COLONIES FRANÇAISES

CHAP. I. L'Empire colonial français (238-241). — La France possède un empire colonial qui, colonies et protectorats, a 8 fois l'étendue de la France et 42 millions d'habitants. La plupart de ces colonies sont situées dans la zone tropicale.

CHAP. II. Algérie-Tunisie (242-254). — L'Algérie-Tunisie s'étend au sud de la Méditerranée, en face de la France. Elle a pour bornes la *Méditerranée*, le *Maroc*, la *Tunisie* et le *Sahara*. Elle renferme deux soulèvements montagneux courant de l'ouest à l'est, l'*Atlas tellien* et l'*Atlas saharien*, qui rarement dépassent 2 000 m. Ses fleuves, *Chélif*, *Seybouse*, *Medjerda*, sont des torrents. Ses côtes sont rocheuses (baies d'Oran, d'Alger, de Tunis). Le climat est tiède et humide en hiver, chaud et sec en été. On y trouve trois grandes zones : le *Tell*, région des cultures, au nord ; les *Hauts-Plateaux*, région des pâturages, au centre ; le *Sahara*, région désertique, au sud.

L'Algérie a 4 774 000 habitants (Kabyles ou Berbères, Arabes, Français, Européens divers) ; 3 départements, Alger, Oran, Constantine.

Principales villes : *Alger*, au centre ; *Oran*, à l'ouest ; *Constantine* et *Bône*, à l'est. — L'Algérie a 3 500 kilom. de voies ferrées.

La Tunisie a 1 900 000 habitants, dont 80 000 Italiens et 35 000 Français. Capitale *Tunis* (170 000 hab.) ; autres villes, *Kairouan*, *Bizerte*.

CHAP. III. L'Indo-Chine française (255-259). — L'Indo-Chine française forme la partie orientale de la presqu'île d'Indo-Chine, en Asie. Elle est arrosée par le *Song-Koï* ou Fleuve Rouge, et par le *Mékong*, ou Cambodge. Son climat est chaud et humide. Elle produit surtout le riz ; nombreuses mines. 21 millions d'habitants.

Quatre pays : *Tonkin*, cap. Hanoï ; *Annam*, cap. Hué ; *Cochinchine*, cap. Saïgon ; *Cambodge*, cap. Pnom-Penh.

CHAP. IV. Colonies secondaires (260-274). — Ce sont :

1° En Afrique : le *Soudan français*, Soudan, Sénégal, Guinée française, région arrosée par le Niger et le Sénégal ; villes principales, Timbouctou, Saint-Louis, Dakar, Cotonou ; — le *Congo français*, ou bassin de l'Ogooué ; — *Madagascar* (5 000 000 d'hab.) ; villes principales, Tananarive, Tamatave, Majunga ; — *la Réunion*, ch.-l. Saint-Denis ; — *Obok*.

2° En Asie : les cinq comptoirs de l'Inde, *Pondichéry*, *Chandernagor*, *Yanaon*, *Karikal*, *Mahé*.

3° En Amérique : *Saint-Pierre* et *Miquelon*, près de Terre-Neuve ; — la *Martinique* et la *Guadeloupe*, dans les Antilles ; — la *Guyane française* (Cayenne), au nord de l'Amérique du Sud.

4° En Océanie : la *Nouvelle-Calédonie*, café, houille, nickel, colonie pénitentiaire, cap. Nouméa ; — *Tahiti*, dans l'archipel de la Société.

LIVRE VI
LES CINQ PARTIES DU MONDE

Le globe terrestre (275-277) : Le globe terrestre a mille fois l'étendue de la France. Il comprend 3 continents formant 5 parties du monde : *Ancien Continent* (Europe, Asie, Afrique), *Nouveau Continent* (Amérique), *Continent Austral* (Océanie). Il comprend, en outre, 5 grands océans : *Glacial Arctique* et *Glacial Antarctique*, *Pacifique*, *Atlantique*, *Indien*.

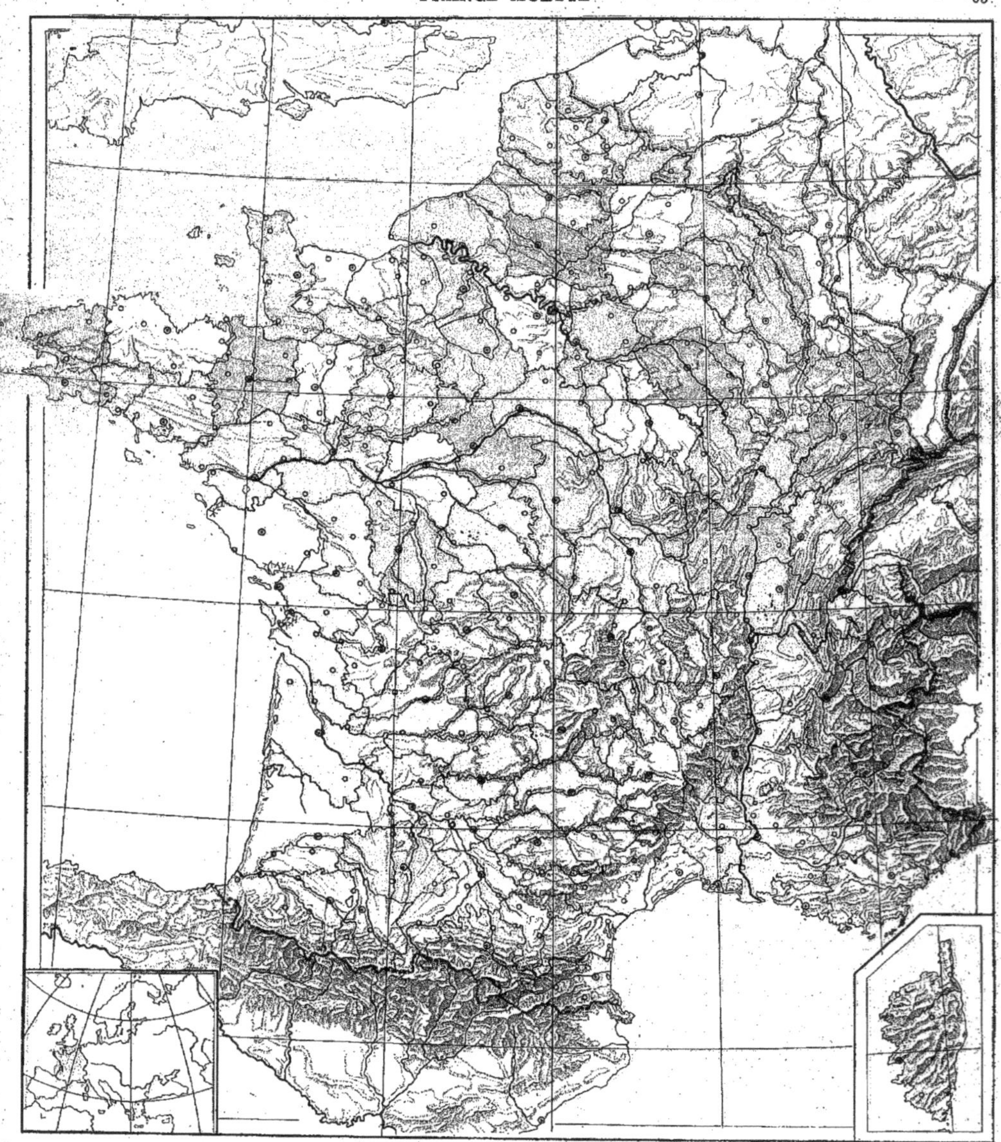

France muette. — Inscrire en majuscules les *noms généraux* : mers, montagnes, plaines.

Indiquer les *traits physiques* : caps, baies, îles, fleuves, rivières, etc..., avant les noms administratifs.

Écrire les noms des *départements* avant les noms des villes qui y sont situées, préfectures, sous-préfectures et villes principales.

Inscrire en lettres plus fortes les noms des chefs-lieux, en lettres plus petites ceux des sous-préfectures.

CHAP. I. **Europe physique** (278-292). — L'Europe (10 millions de kilom. carrés) a pour bornes l'océan *Glacial Arctique*, l'*Atlantique*, la *Méditerranée* et l'*Asie*.

Ses principales montagnes sont : les *Alpes* (4810 m.), les *Pyrénées*, les *Alpes Scandinaves*, les *Karpates*, le *Caucase* et les *Apennins*.

Ses principales mers, outre les 3 océans déjà nommés, sont : la *mer Baltique*, la *mer du Nord*, la *Manche*, la *mer Adriatique*, la *mer Ionienne*, l'*Archipel*, la *mer Noire*, la *Caspienne*.

Ses principaux cours d'eau sont : la *Vistule* et l'*Oder*, dans la mer Baltique; l'*Elbe*, le *Rhin* et la *Tamise*, dans la mer du Nord; la *Seine*, dans la Manche; la *Loire* et le *Tage*, dans l'Atlantique; l'*Ebre*, le *Rhône*, le *Pô*, dans la Méditerranée; le *Danube*, dans la mer Noire; la *Volga*, dans la Caspienne.

CHAP. II. **Europe politique** (293-319). — L'Europe a 380 millions d'habitants. Elle renferme 20 États dont 6 principaux (par ordre de population): *Russie*, cap. Saint-Pétersbourg; *Allemagne*, cap. Berlin; *Autriche-Hongrie*, cap. Vienne; *Îles Britanniques*, cap. Londres; *France*, cap. Paris; *Italie*, cap. Rome.

Pour plus de détails, voir p. 48 à 51.

CHAP. III. **Asie physique** (320-325). — L'Asie a 4 fois l'étendue de l'Europe. Ses bornes sont : l'océan *Glacial Arctique*, le *Pacifique*, l'océan *Indien*, la *Méditerranée* et l'*Europe*.

Principaux accidents du relief : *plateaux de Pamir et du Thibet*, monts *Himalaya* (8840 m.), *Kouen-Lun*, *Thian-Chan*; *plaines de Sibérie et de Chine*.

Principales mers (outre les quatre citées) : mers *du Japon*, *de Chine*, *d'Oman*, *Rouge*, *Caspienne* et *d'Aral*.

Principaux fleuves : océan Glacial, *Obi*, *Iénisséi*, *Léna*; Pacifique, *Amour*, *Fleuve Jaune*, *Fleuve Bleu*; Océan Indien, *Gange*, *Indus*; mer d'Aral, *Syr-Daria* et *Amou-Daria*.

CHAP. IV. **Asie politique** (326-335). — L'Asie a 850 millions d'habitants.

Les principaux États sont : la *Chine*, 385 millions, cap. Pékin; le *Japon*, 45 millions, cap. Tokio; la *Perse*, cap. Téhéran; la *Turquie d'Asie*.

Principales colonies européennes : aux Russes, la *Sibérie*, le *Turkestan* et la *Caucasie*; aux Anglais, l'*Inde*, 294 millions, cap. Calcutta, et l'*Indo-Chine occidentale*; aux Français, l'*Indo-Chine orientale* (Tonkin, Annam, Cochinchine, Cambodge).

CHAP. V. **Afrique** (336-348). — L'Afrique a 3 fois l'étendue de l'Europe. Ses bornes sont : la *Méditerranée*, l'*Atlantique*, l'*océan Indien*.

Principales montagnes : *Atlas*, *monts d'Abyssinie*, *Kilima-Ndjaro*; — principales mers (outre les trois citées), golfe de Guinée, mer Rouge; île de Madagascar; — principaux fleuves : *Nil*, *Niger* et *Congo*, *Zambèze*.

130 à 200 millions d'habitants. Principaux États indépendants : *Maroc*, *Éthiopie*, *Transvaal*, *République d'Orange*; — principaux pays européens possédant des colonies en Afrique : la *France*, Algérie-Tunisie, Soudan occidental, Sénégal, Congo français, Madagascar, La Réunion, Obok; l'*Angleterre*, Bas-Niger, Le Cap; la *Turquie*, Tripolitaine, Égypte (cap. Le Caire); l'*Allemagne*, le *Portugal*, l'*Espagne*, l'*Italie*.

CHAP. VI. **Amérique du Nord** (349-362). — Elle a deux fois l'étendue de l'Europe. Ses bornes sont : le *Pacifique*, l'*océan Glacial Arctique*, l'*Atlantique*.

Principales montagnes : *Sierra Nevada*, *Montagnes Rocheuses*, *Alleghanys*; — principales mers (outre celles citées), baie de Hudson, golfe du Mexique, mer des Antilles; îles du Groenland, de Terre-Neuve, des Antilles; — principaux fleuves, *Saint-Laurent* et *Mississippi*.

100 millions d'habitants. Principaux États indépendants: *États-Unis*, 76 millions, cap. Washington et New-York; *Mexique*, cap. Mexico; *Républiques de l'Amérique Centrale*; — principales colonies européennes : aux Anglais, le *Canada*, 6 millions, cap. Ottawa, plusieurs *Antilles*; à la France, la *Guadeloupe* et la *Martinique*.

CHAP. VII. **Amérique du Sud** (363-374). — Elle a un peu moins de deux fois l'étendue de l'Europe. Ses bornes sont : la *mer des Antilles*, l'*Atlantique* et le *Pacifique*.

Principales montagnes : la *Cordillère des Andes* (7320 m.), plateau de Bolivie; — principaux cours d'eau : *Orénoque*, *Marañon* ou *Fleuve des Amazones*, *Rio de la Plata*.

37 millions d'habitants, en 10 républiques et 3 colonies européennes. Principaux États : *Pérou*, cap. Lima; *Chili*, cap. Santiago; *Brésil*, 16 millions, cap. Rio de Janeiro; *République Argentine*, cap. Buenos-Aires; — colonies européennes, les *Guyanes*.

CHAP. VIII. **Océanie** (375-381). — L'Océanie est l'ensemble des terres baignées par le Pacifique. On divise ces terres en 5 grandes parties : *Malaisie*, *Australasie*, *Mélanésie*, *Micronésie*, *Polynésie*.

L'Angleterre y possède l'*Australie* (4 millions d'hab.), villes princ., Sydney et Melbourne; la *Nouvelle-Zélande*; — la Hollande a les îles de la *Sonde*, entre autres *Java* (27 millions d'hab.), cap. Batavia; — les États-Unis ont les *Philippines* (8 millions d'hab.), cap. Manille; — la France et l'Allemagne n'ont que de petits territoires.

TABLE DES MATIÈRES

LISTE DES CARTES

*Les cartes dont la dénomination est précédée d'un * sont imprimées en couleurs.*

Librairie HACHETTE et Cie, boulevard Saint-Germain, n° 79, Paris

ÉLÉMENTS DE GÉOGRAPHIE

PAR

HENRY LEMONNIER
Professeur à la Faculté des lettres de Paris et à l'École des Beaux-Arts.

F. SCHRADER
Directeur des travaux cartographiques de la Librairie Hachette et Cie.

AVEC LA COLLABORATION DE

MARCEL DUBOIS
Professeur de géographie coloniale à la Sorbonne.

Cours élémentaire : PREMIÈRES NOTIONS DE GÉOGRAPHIE. 9ᵉ édition. 1 volume in-4 contenant 13 cartes en couleurs et 82 gravures ou cartes dans le texte. Cartonné . . . . **1 fr. 10**

Cours moyen. — Certificat d'études : GÉOGRAPHIE DE LA FRANCE et étude sommaire des cinq parties du monde. *Nouvelle édition, entièrement refondue, avec la collaboration de M. Gallouédec*, Professeur au Lycée Charlemagne, Membre du Conseil supérieur de l'Instruction publique. 1 volume in-4 contenant 118 cartes et gravures dans le texte, dont 35 cartes en couleurs, et un résumé aide-mémoire. Cartonné . . . . **1 fr. 50**

Cours supérieur : GÉOGRAPHIE DES CINQ PARTIES DU MONDE et Géographie sommaire de la France. 5ᵉ édition. 1 volume in-4 avec 24 cartes en couleurs et des gravures. Cartonné . . . . **3 fr. »**

Cours général de Géographie par MM. LEMONNIER et F. SCHRADER, contenant en un seul volume les matières indiquées par les programmes officiels, et répondant au programme du certificat d'études. 1 volume in-4, avec 42 cartes et 18 gravures. Cartonné . . . . **2 fr. »**

Au Cours MOYEN, au Cours SUPÉRIEUR, et au Cours GÉNÉRAL DE GÉOGRAPHIE, il peut être ajouté gratuitement, sur demande, un *Appendice* comprenant la géographie du département. Les notices suivantes ont paru :

Algérie — Alpes-Maritimes — Bouches-du-Rhône — Côte-d'Or — Gironde — Haute-Garonne — Hérault — Nièvre — Nord
Pas-de-Calais — Rhône — Seine — Seine-Inférieure

J. DUSSOUCHET
Professeur agrégé de grammaire au Lycée Henri IV.

Cours Primaire
de
Grammaire Française

RÉDIGÉ CONFORMÉMENT AUX PROGRAMMES OFFICIELS ET A L'ARRÊTÉ MINISTÉRIEL
DU 26 FÉVRIER 1901 RELATIF A L'ORTHOGRAPHE

Cours préparatoire.	— Livre de l'élève, 1 vol. avec gravures .	» »
—	Livre du maître, 1 vol.	» »
Cours élémentaire .	— Livre de l'élève, 1 vol. avec gravures	» 75
—	Livre du maître, 1 vol.	2 50
Cours moyen. . . .	— Livre de l'élève, 1 vol. avec gravures	1 25
—	Livre du maître, 1 vol.	» . »
Cours supérieur .	— Livre de l'élève, 1 vol.	» »
—	Livre du maître, 1 vol.	» »

P. QUILICI et V. BACCUS
ANCIENS ÉLÈVES DE L'ÉCOLE NORMALE SUPÉRIEURE DE SAINT-CLOUD

Petit Livre
de
Lecture et d'Élocution

A L'USAGE DES ÉCOLES PRIMAIRES

Cours élémentaire et moyen

LIVRE DE L'ÉLÈVE, contenant des Maximes, des Vocabulaires, des Exercices oraux, des Devoirs écrits et 168 gravures dans le texte. Un vol. in-16 cartonné . . . . **90 c.**

LIVRE DU MAÎTRE. — Lectures et vocabulaires expliqués. Analyse des Idées. Maximes commentées. Exercices oraux avec réponses. Devoirs avec corrigés. Rédactions développées. Un volume in-16 cartonné. **2 fr. 50**

J. MASSON
Directeur d'École Communale
à Paris.

D. ROUSTAN
Agrégé de l'Université
Professeur de Philosophie.

Nouveau Livre
de
Morale Pratique

LECTURES MORALES ET LITTÉRAIRES
A L'USAGE DES
Cours moyen et supérieur des Écoles primaires

Un volume in-16, contenant 165 récits extraits d'écrivains français et étrangers, avec un grand nombre de gravures inédites, cartonné. **1 fr.**

Mlles ISELIN et CŒUR
INSTITUTRICES DE LA VILLE DE PARIS

Petit Livre
de
Lectures Enfantines

Contes Moraux

A L'USAGE DU COURS ÉLÉMENTAIRE

Un volume in-16 de 160 pages avec gravures, cartonné. **75 cent.**

48297. — Imprimerie LAHURE, rue de Fleurus, 9, à Paris, 8-1902.

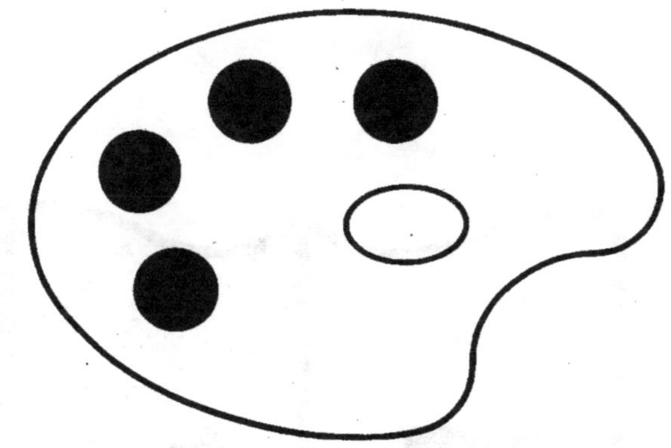

Original en couleur
NF Z 43-120-8

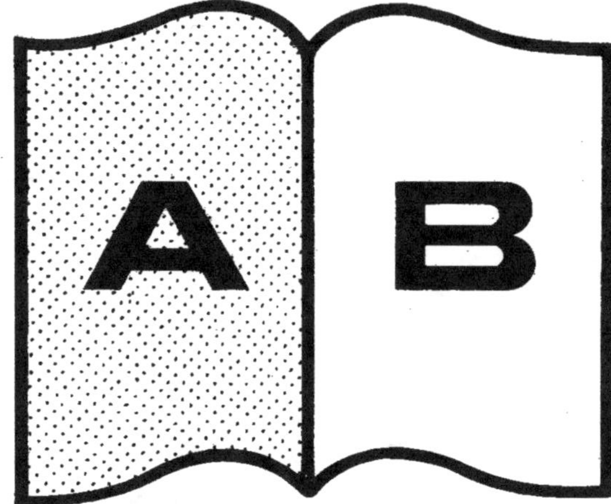

Contraste insuffisant

NF Z 43-120-14

www.ingramcontent.com/pod-product-compliance
Lightning Source LLC
Chambersburg PA
CBHW051241030726
47595CB00003B/1028